KB260558

잔혹소녀

펴낸날   2003년 7월 22일
지은이   이신애
펴낸이   이숙경
펴낸곳   이가서
주소   서울시 마포구 서교동 330-1 2F
전화   02-336-3503
팩스   02-336-3009
이메일   leegaseo@naver.com
등록번호   제10-2539호

ISBN 89-90365-13-9 (03180)

잔혹소녀

이신애 지음

시작하며

근 3년 동안 공포에 시달리는 사람들을 상담해 주며
그들이 가장 궁금해하는 점들만 골라 지면으로 옮겨 보았다.

남들과 다르다는 것, 다른 능력을 지녔다는 것만으로
화형식에 처해지고 천시당해 왔던 마녀와 샤먼들…….

그러나 아이러니하게도 사람들은 영에 의한 공포에 시달리기 시작하면 어김없이 그들을 찾고는 한다. 두서없이 정리한 내용이지만 존경받거나 혹은 욕을 먹거나 매력적인 마녀가 되어보는 것은 어떨는지. 사실 마녀나 샤먼은 꽤나 매력적인 여성들이다. 이제부터 자신만의 비밀스러운 주술을 시작해 보자.

잔혹소녀 | 차례

painfu
painful head
THE SPIRIT OF THE

1

영혼을 경험한 사람들

원한 맺힌 영혼의 눈빛

안녕하세요. 스물네 살, 인천 사는 대학생입니다.

대학 1학년 때 입대 전 친구와 여행을 간 적이 있는데요. 유명한 곳이 아니어서 산 이름은 정확히 기억이 안 납니다.

강원도.

높지 않은 산이고 그 탓인지 절이 산 정상에 위치해 있는 곳이었습니다. 친구와 계곡에서 놀다가 밤에 텐트를 치려는데 캠프촌이 너무 시끄러워서 산 정상 부근까지 올라갔었어요. 그리고 양해를 구하고 절 바로 바깥에 텐트를 치고 자려고 하다가 친구랑 둘이서 잠도 안 오고 심심해서 그 옆에 조그맣게 고인 물에서 미리 준비해 간 낚싯대를 담그고 있었어요. 산 정상 부근이라 고기가 있을 리 없다고 생각했지만 그냥 심심해서 그랬답니다.

근데 제 친구 낚싯대에 엄청 큰 붕어(?)(밤이고 조명도 없어 잘하지 못했습니다만 붕어나 잉어었어요)를 잡아 올린 거예요.

둘 다 깜짝 놀라며 좋아했는데 바늘이 깊게 걸려서 고기 입이 엄청 찢

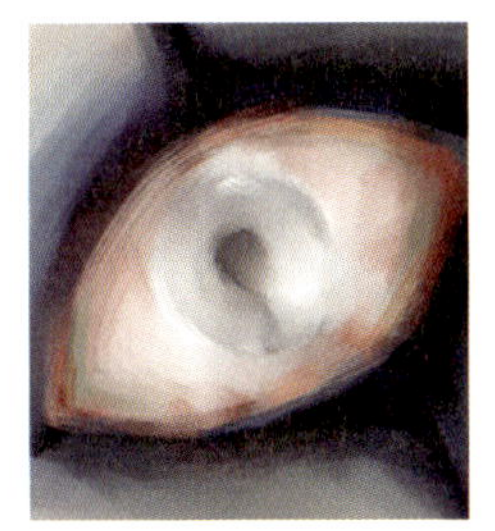

어지도록 당겨도 낚싯바늘이 나오질 않았어요. 너무 징그럽게 피가 흘러 낚싯대에 엉킨 채로 그냥 팽개쳐두고 잠을 자려고 텐트로 돌아왔어요. 친구는 금방 잠들었는데 전 이상히게 잠이 안 오더군요.

아직도 그때 생각을 하면 섬뜩합니다.

텐트 밖에서 뭔가 왔다 갔다 하는 것 같았어요. 그래서 텐트에 나 있는 그물망으로 밖을 살폈는데 아무것도 없더군요. 시선을 다시 안으로 돌린 그때 제 옆에 자고 있는 친구 배 위에 올라탄 흰 옷을 입은 여자. 전 안중에도 없는지 그놈을 죽일 것처럼 노려보고 있었어요. 정말 기절할 뻔했습니다.

전 아무 말도 못하고 움직일 수도 없었어요. 너무 놀라 몸이 얼어붙는 것 같더군요. 가위에 눌린 게 아니었습니다. 전 눈을 감고 가만히 있었습니다. 제발 꿈이길 바랐습니다.

그렇게 한 시간쯤 한참 뒤에 눈을 떠보니 유령은 없었고, 친구는 식은 땀을 엄청 흘리고 있었습니다.

전 급히 친구를 깨웠습니다. 친구는 잘 일어나지 못하다가 겨우 눈을 뜨고 이야기했습니다. 그 이야기를 듣고 제가 헛것을 본 게 아님을 알았습니다. 그 녀석이 말하길 꿈을 꿨는데 흰 옷을 입은 여자가 자기 배 위에 올라타서는 왜 날 괴롭히냐,며 자길 죽일 듯이 노려보다가 한참 뒤 떠났다는 거예요. 서로 상대의 말을 듣고 공포에 떨다가 날이 밝자마자 산에서 내려왔습니다. 우리는 잡아 올려 입만 찢어놓은 그 고기와 무슨 관련이 있을 거라고 생각했습니다.

돌아와서 다른 애들에게 이 이야기를 해줬는데 아무도 믿지 않았습니다. 이젠 사람들을 만나도 그 이야기를 안 합니다. 오래전 일인 데다 믿어주지도 않아서 말이에요.

그 일로 인해 제게 어떤 일이 생긴 것도 아니니까요. 그러나 신애 님은 그때 일에 대해 뭔가 말해 주실 수 있을 것 같네요.

그리고 걱정되는 일이 있습니다. 그녀석 원래 안동 사는 녀석인데 제가 입대한 이후에 다른 학교로 편입을 했다는 소식을 들었거든요. 그런데 연락이 끊겼어요. 집에 전화해도 안 되고, 연락이 없을 리가 없는데……

제대한 지 아홉 달이 넘도록 그놈 소식을 알 수가 없어요. 혹시 그때

일 때문에 그 친구에게 무슨 안 좋은 일이라도 생긴 게 아닐까요?

그리고 혹시 붕어나 잉어 등의 고기에 혼령이 있을 수 있나요? 대답해 주세요, 꼭.

님 제가 비유를 하나 해드리겠습니다.

예로부터 동양권(중국이나 일본)에서는 골동품을 팔 때 그 가격을 매기기보다는 물건 사 갈 사람의 관상과 인격을 본다고 했습니다. 골동품 가게 주인이 사리사욕에 빠져 있다면 문제가 달라지겠지만요.

제대로 된 골동품 상인이라면 돈이 아닌 사람의 자질을 보고, 자격이 있는 사람만이 가치 있는 물건을 소장할 수 있다고 판단을 했을 때야 비로소 물건을 넘긴다는 것입니다. 그 이유는 물건도 오래되면 영이 깃든다고 해서지요.

물건도 100년이 지나면 마음이 생긴다 했습니다. 하물며 물건도 제 주인을 가려가며 만나고 싶어하는데(웃어른들이 그런 말씀하시죠. 오래된 물건이 집안에 잘못 들어오면 패가망신한다고……) 생명이 있는 짐승이 어찌 마음이 없겠어요.

물고기의 그런 마음이 형상으로 나타난 것일 수도 있고 오랜 세월을 살아 영물이 된 것일 수도 있습니다. 매우 큰 물고기나 거북이 등은(원래 태생이 큰 상어 같은 것 말고요) 잡았다가도 놓아주는 법입니다.

아무쪼록 그 친구 분께 아무 일이 없으셨으면 좋겠네요.

영혼이 실린 스카폴라

안녕하세요. 신애 님.

전 부산에 사는 스물두 살의 직장인입니다

작년 초에 수원에 있는 직장을 다니게 돼서 기숙사 생활을 하고 있었습니다. 당시 전 10년 넘게 교회를 다니다가 천주교로 개종하려고 준비 중이었는데 같이 근무하는 동생이 기적의 패(천주교 성물)를 주어서 지니고 다녔습니다.

얼마 뒤 휴일이라서 집에 내려가게 되었고 친구와 친구 애인을 만났는데 우연히 친구 애인이 지니고 있었던 스카폴라(천주교의 성물)를 지니게 되었습니다(참고로 신부님의 축성을 받은 거였습니다). 그날 저는 밤 기차로 수원에 올라오게 되었고 밤 늦게 기숙사에 도착한 터라 피곤에 지쳐 바로 잠이 들었습니다

문제는 그날 밤 꿈에 누가 제 어깨에 올라타고 다리로 목을 조르는 가위에 눌리게 되었습니다. 꿈속에서 주기도문과 사도신경 등을 외어서 꿈에서 깼습니다. 평소에 한 번도 가위에 눌려본 적

이 없었는데 왠지 스카폴라 때문이라는 생각이 들더군요. 그래서 목에
걸고 있던 스카폴라를 풀고 다시 잠이 들었는데 그때야 비로소 편하게
잘 수 있었습니다. 이후 스카폴라를 친구 애인에게 돌려주었고 다시는

가위에 눌린 적이 없습니다.

스카폴라는 귀신 같은 것들로부터 보호해 주는 것으로 알고 있는데 전 왜 그 반대 현상이 일어났을까요? 참고로 전 다른 것에는 전혀 겁이 없는데 귀신은 무서워합니다.

또 한 가지는 어렸을 때부터 꿈에 어떤 건물이 나옵니다. 그 건물은 제가 다니는 학교(초·중·고)도 되었다가 봉사하는 재활원도 되었다가 집도 되었다가 그러는데, 분명한 것은 그때마다 같은 곳이라는 생각을 하게 되고 건물 4층에 가면 슬퍼지고 무섭다는 느낌을 받습니다.

왜 이런 꿈을 꾸는지, 그리고 그 건물이 저와 어떤 관계가 있는지 궁금합니다.

글 솜씨가 없어서 엉성하게 글을 올립니다. 특히 두 번째 질문은 꼭 알고 싶습니다. 꼭 답해 주세요.

후우. 어려운 문제네요.

우선 종교가 결부되어 있으니까 조심스럽게 말씀드릴게요.

스카폴라는 영적인 물건이지만 그 자체로서 힘을 지니는 것은 아닙니다. 물건에 부여한 다른 사람의 강한 '정신'이 그 물건으로 하여금 영기를 지니게 하는 것이지요.

그렇다면 물건에 부여된 '영기'가 다른 종류의 '염사'[*]에 의해 오염되었을 수도 있어요.

예를 들어 스카폴라를 처음 여자 분께 준 신부님의 강한 정신이 물건에 수호력을 부여해 주었겠지만 그것은 이제 신부님 소유가 아니라 여자 분의 소유가 되었고, 여자 분의 흔들리는 마음 혹은 갈등과 괴로움에 의해, 영기가 강한 만큼 '정'이 아닌 '반'의 기로 변이할 수 있습니다.

따라서 수호력이 강한 물건은 자칫 매우 저주력이 강한 물건으로 변이할 가능성이 높습니다.

꿈에서 보이는 건물의 4층은 님의 과거의 기억을 대변하는 것일 수도 있고, 예시일 수도, 아주아주 오랜 예전 생의 기억일 수도 있습니다. 아련한 마음이 드신다는 것은 그만큼 강한 '경험'을 하셨다는 것이고, 구체적인 건물이 등장하는 경우엔 실제로 경험을 했으나 무의식에 묻혀 있는 기억일 가능성이 가장 큽니다.

두 번째로 다른 사람의 '기억'을 꿈으로 경험하는 것일 수도 있어요. 이 경우엔 님이 상당히 영적으로 예민할 경우에 한합니다. 주변 분의 '강한 감정의 파장'을 공감하는 것과 동일하게 볼 수 있습니다.

영혼의 입김

한 2년 전쯤 이사를 했습니다. 제가 지금부터 하는 이야기는 그 전에 살던 집에서 있었던 일입니다.

방이 한 칸뿐인 곳에서 남동생과 같이 생활을 했습니다. 저는 여자입니다.

하루는 동생이 들어오기 전에 자려고 눈을 감고 누웠는데 방문 열리는 소리가 들리고 또 닫는 소리가 들렸습니다.

전 당연히 동생이라고 생각을 했죠. 그런데 동생이 불을 켜지 않더라고요. 그리고 제 침대 밑 방바닥에는 이불이 깔려 있었는데 옷하고 이불하고 스치는 듯한 소리가 들렸습니다. 방 안을 오가는 소리도 들리고요.

이상하게 저는 눈을 뜨면 안 된다는 생각이 자꾸 들어서 눈을 뜨지 않고 있었는데 동생이 행동을 멈추고 내 얼굴 앞에 얼굴을 들이대는 느낌이 들었습니다. 그래도 눈을 뜨면 안 된다 안 된다,는 생각을 계속 가지고 있었습니다. 왜 그런지는 몰라요. 그런데 갑자기 제 얼굴에 입김을 '후~' 하고 불더라고요.

무슨 냄새는 없었는데 찬 기운이…… 그러고 나서 다시 방문이 열리고 불이 켜졌습니다. 진짜 제 동생이 들어왔었던 거죠.

오래전 일이지만 무슨 일인지 너무 궁금해요. 매우 느낌이 생생해서요.

친구가 신애 님이 해몽도 잘해 주고 상담도 잘해 준다고 해서 들렀습니다. 상담 글을 읽어보니, 신애 님께서 답변을 잘해 주시네요.

그런 일이 반복되었나요? 아니면 한 번이었나요?

가위에 눌렸을 때 이런 경우가 있습니다.

자신이 잠이 안 들은 것 같고 그래서 주변 소리도 다 들리는데 가위에 눌린다거나 이상한 것을 본다거나 아니면 가위에 눌린 듯해서 뭔가를 집어던졌는데 깨고 나면 그 물건이 제자리에 있는 것은 몸은 잠이 들었는데 정신이 꿈과 현실 사이에서 헤맨 경우입니다.

사람이 수면 상태에 접어들 때는 자신을 보호하는 기운이 약해지고 긴장이 풀어지기 때문에 이런 현상을 경험하게 됩니다.

옛말에 호랑이에게 물려가도…… 뭐 이런 속담이 있지요.

우리가 일상적으로 생활을 할 때에는 신체나 정신이 긴장이 되어 있

는데 잠자리에 들기 바로 직전에는 이러한 것들이 풀어지면서 간혹 영들과 파장이 맞는 경우가 있습니다. 그래서 자신은 귀신을 본 듯한데 그게 꿈인 것 같기도 하고…….

님의 몸이 피곤하다가 살포시 잠이 들어서 가위에 눌렸다가 깬 것일 수도 있고 위에 말한 것처럼 파장이 맞아 들어간 경우일 수도 있습니다.

너무 걱정하실 일은 아니고요. 또 그런 것을 느끼게 되면 말린 쑥과 고춧가루를 신문에 싸서 방 안에서 태우세요. 이때 연기가 매우 독하니 참고하시고요.

그 김을 님의 몸에다가도 쏘이세요. 이런 것은 나쁜 것들이 근접하지 못하게 하는 방법입니다. 말린 쑥은 약재상이나 큰 마트에 가면 팔아요.

도움이 되셨으면 좋겠네요.

자동 응답기

실제 일어날 수 있는 일인지 알고 싶군요.

7년 전 어머니가 병으로 돌아가신 후 우리 식구는 모두 학교, 직장으로 하루 종일 집이 비어 있는 시간이 많아서 자동 응답기를 사용했었습니다.

돌아가신 후 두 달이 채 안 되었을 때였는데요.

참고로 그 당시 자동 응답기 기능 원리를 말씀드리면 조그만 테이프가 끼워져 있고요. 맨 앞부분에는 전화를 받을 수 없으니 메시지를 남기라는 음성을 녹음해 놓습니다. 그러면 자동 응답기는 맨 앞으로 테이프를 감았다가 전화가 걸려오면 음성을 들려주고 전화 건 사람의 음성을 녹음하지요.

그런데 한 번에 남길 수 있는 시간은 1분이 채 안 넘습니다. 한 면이 15분 정도니까 그걸 다 채우려면 최소한 15번을 전화를 걸어서 메시지를 남겨야 하고, 그렇게 되면 저장된 메시지가 15개라고 표시가 된답니다.

그런데 어느 날 집에 들어오니까 식구들이 모두 전화기 앞에서 이상한 표정을 짓고 있더라고요. 이야기인즉슨 메시지에 여자가 흐느끼는 소리가 녹음되어 있다는 겁니다.

저는 호기심이 일어 식구들이 보는 앞에서 다시 돌려서 확인을 했습니다. 15분 분량이 단 한 번도 끊이지 않고 녹음이 되어 있는 겁니다.

기계적 오류라고 생각하기도 했지만 녹음된 음성은 분명 연속된 흐느낌 소리더군요. 믿어지지 않았지만 사실이었습니다.

분명 여자의 흐느낌 소리였고 식구들의 의견은
떠나가신 어머니의 음성일거라고 말했습니다. 남은
식구들을 남기고 떠나신 게 가슴 아프신 모양인가
보다 하고 생각했죠.

가족들이야 사랑하는 사람의 목소리라 생
각하면 소름이 돋기보다는 안타까움과 슬
픔이 상기되겠지만 객관적으로 보면 실제
일어날 수 있는 일인지 믿어지지 않습니다.

이런 사례가 종종 있나요? 답변 부탁드리
겠습니다.

가능한 일입니다. 응답기의 시간을 초과한 것은 다소 의문스럽지만 초자연적인 일이란 예측할 수 없는 일들이 많으니까요.

님이 겪은 일과 같은 현상을 '염사'라고 합니다.

강한 영적인 에너지는 '파장'을 지니고, 그것의 흔적이 남을 수 있는 것은 빛의 감도에 예민한 필름 혹은 전자 기호에 예민한 오디오 테이프가 대부분입니다.

쉽게 말씀드리자면 일본 영화 〈링〉의 사다코가 카메라가 아닌 자신의 눈으로 찍은 영상을 필름으로 옮긴, 죽음을 전염시키는 저주의 비디오가 염사로 만든 것이라고 할 수 있죠.

답이 되셨기를.

고양이의 원한

신애 님, 지난번에는 감사했습니다.

신애 님 말대로 하니까 가위에도 안 눌리더라고요. 오랜만에 푹 자니까 너무 좋았습니다. 제가 신애 님 이야기를 친구들한테 하니까 놀라더군요.

그 친구들 중 한 명이 신애 님께 상담 좀 해달라고 부탁해서요.

친구가 사는 아파트에는 이상하게 고양이가 많다고 하더군요. 그래서 자주 고양이 땜에 놀랐었다고 합니다.

늘 고양이 때문에 귀찮았던 친구가 어느 날 작정을 하고 고양이 한 마리를 잡아 괴롭힌다는 게 그만 실수로 죽이고 말았대요. 너무 놀란 친구는 그 고양이를 대충 아무 데나 묻어주고 왔는데 그날부터 밤마다 잠을 자려고 하면 고양이 소리가 들린다고 하네요.

처음에는 다른 고양이라고 생각했는데 그 소리가 점점 생생하게 들린답니다. 바로 옆에서 들리는 듯. 옆에 아무것도 없는데 말이죠.

그래서 그 죽은 고양이가 그런 것인지 아닌지 물어봐 달라는군요. 또 어떻게 하면 그 소리가 들리지 않을지……．

가위에 눌리지 않게 되었다니 잘되었네요.

아마 가위는 시간이 흐르면 다시 눌릴 수 있
으니 늘 몸과 마음 튼튼히 하셔야 합니다.

우선은 제가 그 고양이 소리를 듣지 않았
으니 살아 있는 고양이 소리를 친구 분이
예민하게 받아들이는 것인지, 아니면 실
제로 고양이의 영이 나타나는 것인지는
모르겠지만 어떤 경우든 간에 친구 분
이 잘못하신 거예요.

친구 분이 판단하기에
정 무섭게 여겨지고 마
음에 걸린다면 고양이 무
덤에 가서 고양이 시신을 다시 거
둬 흰 광목•에 싸서 볕이 잘 드는 곳에 묻
으라고 하세요(볕이 잘 드는 곳에 묻는 이유는 시체

26

가 볕이 잘 드는 곳에서 잘 썩으라는 뜻입니다. 시체는 습한 곳에는 묻지 않는 법이며 죽은 자가 썩지 않는다는 것은 좋지 않다고 여겨져 왔습니다).

그리고 열흘 간 빼놓지 말고 향을 고양이 무덤가에 피워두라고 하세요. 시체를 다시 거둔다는 게 꽤 힘든 작업일 듯합니다.

고양이는 영물이라고 합니다. 꼭 그렇게 하시고, 하실 때는 진심으로 사죄하는 마음으로 하시라고 하세요.

좋은 결과 있기를 바랍니다.

흰 광목
잡귀를 쫓는 주술적 의미가 있어서 예로부터 결혼할 때 들이는 함의 멜빵 역시 흰 광목으로 하였다.

무녀의 딸

안녕하세요. 신애 님 정말 오랜만이죠.

요즘은 하도 출장이다 뭐다 해서 한 번도 들르지 못했습니다.

정말 님의 도움을 받고 싶은 일이 생겨 이렇게 글 드립니다. 꼭 도와주세요.

저에게는 작년에 사랑하는 사람이 생겼는데요 헤어졌다가 몇 주 전부터 다시 만나게 되었습니다.

그녀는 동생과 살다가 동생이 군대에 가서 지금은 혼자 살고 있습니다. 그런데 혼자 있을 때 가끔씩 어떤 남자가 꿈인지 현실인지 구분할 수 없을 정도의 느낌을 주면서 나타난답니다.

작년에도 얘기를 많이 했었는데 그냥 대수롭지 않게 들었습니다. 그런데 얼마 전 그녀를 집에 데려다 주고 집에 왔는데 울면서 전화가 왔더라고요. 또 나왔다고요.

이번에는 제 모습으로 나타났답니다. 항상 나타나면 성폭행을 하려고 한답니다. 신애 님께 얘기하기도 민망하네요.

　　그녀는 그 힘에 눌려서 깰 수가 없다는 군요. 얼마나 무서워하는지 한 두 번도 아니고 어떻게 해줘야 할지도 모르겠고…….

　　이건 참고로 말씀드리는 건데 그녀의 어머님이 무속 쪽 일을 하십니다. 상관관계가 있을까 해서 말씀드리는 거예요.

　　제가 너무 두서없이 글을 적어 죄송합니다. 여리디 여린 그녀가 우는 모습 보기가 너무 안쓰러워요. 도와주고 싶은데 어떻게 해야 할지 모르겠네요.

　　1년에 한 20번 이상은 나타나는 것 같다고 합니다.

　　답변 부탁드립니다.

　　내용을 보니 마음이 안좋네요. 여자친구 분께서 색귀•에게 시달리시는 것 같습니다.

　　원인은 그녀의 어머니께 있는 것 같습니다.

　　무당이 되면 그 무당의 몸은 신의 것이 됩니다. 간혹 그런 이야기 들어보셨을 거예요.

　　여자 무당들에게 속하는 이야기지만 신을 받고 얼마간은 옷을 못 입고 잤다던가, 영에게 성폭행을 당했다던가 하는……. 흔한 이야기는 아니지만 어떤 신을 받느냐에 따라 생길 수 있는 일입니다.

혹 신딸 삼는다는 말을 들어보셨는지요?

무당이 나이를 먹으면 다른 집안의 신기가 있어 보이는 처자를 골라 신딸을 삼습니다. 그 이유는 한 집안에서 무당이 나오면 자식들에게까지 영향을 미치는 경우가 많기 때문에 자신의 딸이나 아들에게는 신내림을 받지 않게 하려고 점을 보러 오거나 하는 사람 중에 신기가 보이는 사람을 점지해서 신딸을 삼는 것이지요.

어느 부모가 자신의 자식이 무당 되는 것을 볼 수 있겠습니까. 그런 마음은 무당 역시 같습니다. 준이 님의 여자친구 분 어머니가 무당이라면 몇 가지의 경우를 생각해 볼 수 있습니다.

신내림의 기운이 여자친구에게까지 갔다던가, 아니면 어머니가 무당이기 때문에 잡귀나 색마 등이 집안에 꼬여 기가 약한 분께 기생하려 하는 것일 수도 있습니다.

이러한 경우 가장 중요한 것은 한 번 색마에게 당하게 되면 그것이 반복될 가능성이 크다는 것입니다.

외국에서도 이러한 경우가 있어서 정조대를 열여섯 소녀에게 입힌 후 몇 날 며칠을 그 옆에서 신부님이 지켜주었다는 사례도 있습니다.

그녀의 어머니가 무당이라면 어머님께 해결 방법이 있을 듯하니 빠른 시일 내에 어머님과 이야기를 나누어 해결 방안을 찾는 것이 좋을 듯합니다.

서두르셔야 할 것입니다. 무당 집이라 다른 방법은 못 알려 드리겠고, 여자친구에게 굵은 소금을 사다 주고 꼭 여자친구 분 방에만 많이 놓아두세요. 마일 다른 곳까지 놓게 된다면 어머니께 타격이 갈 것입니다. 좋은 영과 나쁜 영을 떠나서 영에게 소금은 독이 되기 때문이지요.

하루 빨리 해결되시기를 진심으로 바랍니다.

색귀

색정귀(色情鬼) 일명 색귀라 해서 청춘의 꽃을 피우지 못하고 죽은 귀신을 뜻하기도 하고, 풍류를 즐기다 복상사 등을 한 인간들의 한이 남아 승천을 못했을 때 생기는 귀신을 뜻한다.

내가 무서워요

처음에는 다른 사람들도 다 그런 줄 알았어요. 워낙 어렸기 때문에 그
게 사람이라고 생각한 탓도 있겠지요. 전 어릴 적부터 남들이 보지 못하
는 것을 보는 편이었어요.

며칠 전 이야기를 해드릴게요.

엄마가 한식당을 하시는데 그날의 장사를 마치고 약수를 뜨러 가는
중이었어요. 주방 아주머니도 함께.

밤 11시쯤이었을까. 약수터 가는 길목 언저리에 아파트가 새로 들어
서고 있었는데 공사중이라 그런지 시멘트 가루와 널려진 모래, 각목
들…… 정신이 없었죠.

더군다나 마을 주민들이 주차까지 해놓아서 차 한 대가 간신히 빠져
나갈 만큼 좁았어요. 그래서 엄마는 다른 차와 닿지 않게 조심히 빠져나
가려고 운전을 천천히 하셨습니다.

전 엄마 옆 보조석에서 앞으로는 그냥 물을 사다 쓰자는 말을 하고 있
었고 주방 아주머니는 라디오에서 나오는 유행이 지난 노래를 흥얼거리

고 있는 참이었죠.

　근데 그때였어요. 즐비하게 주차되어 있는 차들마다 3~5세쯤 돼보이는 아이들이 창문밖으로 머리를 내밀고 놀고 있는 거예요. 정말 이상한 기분이었어요.

　아이들이 나와서 놀 시간도 아니었고 더군다나 그 많은 차 주인들이 하나같이 차의 창문을 열어놓은 것도 그렇고요. 한 대에서 놀고 있다면 모를까 여러 대에 한 명씩만 있다는 건 좀…….

　전 무심코 말했어요.

"왜 애들을 저렇게 차에다가 혼자 놔뒀어. 날도 어두운데."

　순간 엄마는 차를 세우고 아주머니는 노래를 멈추었어요. 엄마는 애들이 어디에 있냐고 물었고, 전 바로 옆에 있는 애들이 엄마와 아줌마의 눈에 안 보인다는 게 이상했죠.

　그런데 그 순간 퍼뜩 이상한 생각이 스쳤습니다. 아이들이 차 한 대마다 차지하고 앉아서 놀고는 있는데 웃음소리가 안 들린다는 거였어요.

창밖으로 고개도 내밀고 있는데 말이에요.

전 순간 입을 다물었어요. 엄마는 다시 운전을 시작했고 아줌마는 저를 훑어보았습니다. 저는 조금씩 멀어져가는 차들을 바라보았어요.

그런데 뭐가 보였는지 아세요?

엄마의 백미러로 보이는 그 차들은 하나같이 창문이 닫혀 있었어요. 아이들의 목만이 비죽하게 나온 채…….

신애 씨 전 이제 어떻게 해야 하나요? 너무 많은 것이 보여요.

님이 이 어린 아이들을 본 곳이 어디인지 궁금합니다.

사실 일제 시대 때 서울 지역 내에서 6~7세의 여아의 희생율이 꽤 높았으며, 이 여자아이들은 당시의 전통적인 가치에 의해서도 억압을 많이 받았고, 일본의 이단교도에 의해서도 많이 희생되었습니다.

그러니 님이 보셨다는 이야기도 헛되지는 않은 것이지요.

그러나 무서워하지는 마세요.

물론 무섭겠지만, 동국대학교 교수님들께 강의를 듣다 보면(교수님의 상당수가 스님입니다) 그분들이 하시는 말씀이 영을 보는 사람들은 눈이 맑은 사람이래요.

34

　평범하지 않다는 건 늘 힘이 들지만 이왕에 본인이 그렇게 타고났다면 나쁘게 생각하지 말고 좀더 이로운 쪽으로 생각해 보는 게 좋을 듯합니다. 기운 내세요.

　눈이 맑다는 의미는 그만큼 순수하다는 의미도 될 듯싶네요.

영혼에게 빼앗겨버렸어요

그때는 정말…… 우리 집은 새로 지은 빌라였었습니다.

그런데 이사를 하고 나서부터 제가 가위에 자꾸 눌리는 거예요. 그 전에 가위에 눌리지 않았던 건 아니지만, 그땐 눈앞에 어떤 환영 같은 것이 보였어도 무섭다거나 제가 겁먹을 정도는 아니었습니다.

이사하고부터는 제 방에 혼자 있을 땐 낮이든 밤이든 한쪽 구석에 누군가가 서서 절 바라보는 게 느껴지는 거예요. 낯선 냄새와 함께 시체 썩는 냄새가 나는 것 같습니다. 물론 시체 썩는 냄새를 맡아본 적은 없지만, 그 냄새가 제 콧속으로 스며들 때는 시체 썩는 냄새와 곰팡이 냄새라고 여겨집니다.

아무튼 밤에 자려고 하면 가위에 잘 눌렸었어요. 저녁에 거실에서 텔레비전을 보다가 현관 거울에 누군가가 들어오는 게 비춰지면 그날은 어김없이 가위에 눌렸죠. 식구들 중 저만 유일하게요.

그 1년은 잠자기가 두려울 정도였습니다. 잠을 자다가 눌리기도 하지만 거의 대부분 자려고 누워 있다가 갑자기 눌리고 그랬어요.

어떤 날은 가위 눌렸다가 깨고 다시 눌리고 다시 깨고 몇 번을 반복했던지. 잠을 자고 있지 않던 동생들과 함께 있다가도 그랬답니다.

마지막으로 가위에 눌리던 날, 전 그때 환영과 첨이자 마지막으로 환청을 들었어요.

거실 소파에서 자려고 누웠다가 바로 가위에 눌렸는데, 물론 그날 저녁에도 현관 거울로 누군가가 들어오는 환영을 봤어요. 눈이 다 감기지 않은 상황에서요. 쪼금 떠진 눈 밑으로 보이는 건 어떤 검은 물체였어요.

제가 누운 소파 옆에 앉아서 말을 걸더군요.

"이젠 너 가줘야 해."

무슨 의미인진 모르겠지만 여자 목소리도 남자 목소리도 아닌 어떤 울림처럼 들렸어요.

　그때 조금 가위에 눌렸었는데 순간 제 몸 안에서 무언가가 빙빙빙 돌았었어요. 그것은 제 기가 빙빙 도는 것처럼 느껴졌고, 그 기가 빙빙 돌다가 발 쪽으로 나가서 그 검은 물체로 가는 게 느껴졌었습니다. 순간 절대로 안 된다는 생각에 머릿속으로 "안 돼"를 외치며 가위에서 깨려고 무던히 노력했죠.

　그 이후로는 몸에 기운이 전혀 남아 있지 않아요.

　누군가가 누워 있는 날 짓누르며 빤히 쳐다본다는 느낌. 그건 느껴보지 않은 사람들은 절대 모를 거예요.

　신애 님 도와주세요.

　기가 약한 것이 아닙니다. 예민한 것이라고 생각됩니다.

　'공감'하는 능력이 뛰어날수록 영적인 감화를 잘하고, 그럴수록 영적으로 다른 존재를 잘 느끼게 됩니다.

　우선 이사가신 곳의 남은 잔재로 보입니다. 님께서 하실 수 있는 가장 좋은 방법은 그곳을 '피하는' 일이지만 이사간 지 얼마 되지 않은 집에서 이 방법은 불가능하겠지요.

　두 번째로 좋은 방법은 영을 자연스럽게 밀어내는 것인데 그렇게 하기 위해서는 너무 강압적인 방법을 써서는 안 됩니다.

우선 복숭아나무 가지를 구해 걸어놓으시고 향을 피워 집안을 정갈하게 한 후, 대문에서 칼을 던져 칼이 향하는 방향이 집안쪽인지 바깥쪽인지 확인하세요.

집안쪽으로 칼끝이 향한다면 그 영이 집에 머무르고자 하는 의지가 강한 것이고 그렇지 않다면 안심하셔도 되는 것이니 한번 시도해보세요.

이 방법은 우리나라 무속 신앙에서 악귀를 쫓을 때 하는 방법입니다.

가위

우연하게 이곳을 알게 되었는데, 이렇게 글까지 남기게 되네요.

제가 '가위 눌렸다'고 인식했던 경우는 항상 이러했습니다.

잠자리에 누워서 잠을 청하다 보면 수면상태에 들어가는 또는 의식이 몽롱해지는 어느 순간부터 여러 가지 소음이 들려옵니다.

대체로 몇몇 사람이 중얼거리는 소리였는데요. 그 외에도 발자국 소리라던가 물 흐르는 소리 등등 말 그대로 '소음'이 들려옵니다.

그 상태가 지속되면 저도 그런 소음에 반응해서 의식이 어느 정도 회복되어 어슴푸레 방 안을 보게 됩니다. 그런데 그 후부터는 소음이 아닌 확실한 언어가 들려옵니다. 그것은 웃음이 섞인 말일 때도 있었고, 제게 무언가를 묻는 질문일 때도 있었습니다.

하지만 가장 뚜렷하게 기억하고 또 자주 나타났던 현상은 다급하게 제 이름을 부르는 소리였습니다. 그렇다고 어떤 다른 특별한 경고를 하는 것도 아니고 그저 다급하게 제 이름을 부를 뿐이었습니다. 그 다급함이 말소리를 통해서 제게 전해져 올 때, 아니면 또 다른 확실한 언어를 들는 때엔 전 항상 눈을 뜨고 방 안을 바라볼 수 있었습니다. 그렇기에 주위에 아무도 없다는 것을 알 수 있었고요. 그런 상황에 대한 인식은 곧 두려움으로 바뀌어 몸을 일으키려 하지만, 그럴 때마다 몸은 뜻대로 움직여주지 않았습니다. 시간이 한참 더 지난 후에야 비로소 몸을 가눌 수 있게 되면서 그때서야 온몸에 소름이 돋는데 이것이 제가 겪는 '가위'의 일반적인 패턴입니다.

그 목소리는 대부분이 남자였지만 그렇다고 항상 같은 목소리는 아니었습니다. 그리고 꼭 한 장소에서만 그런 체험을 한 것은 아닙니다. 주기적으로 가위에 눌리는 것도 아닙니다. 규칙적으로 겪을 때가 있고 그렇지 않을 때가 있죠.

글쎄요. 애초에 이런 극도로 주관적이고 제한된 정부를 제시해 놓고 해석을 바라는 것이 무리일지도 모르겠으나 '가위'를 접할 때마다 느끼는 두려움 때문에 할 수 없이 이렇게 답변을 부탁드립니다.

물론 무조건적으로 어떤 합리적인 해석이나 효율적인 해결책을 바라는 것이 아니라는 것쯤은 알고 계시리라 믿습니다. 다만 지식의 깊이와 경험의 축적에서 오는 견해를 듣고 싶습니다. 그것이 저에게 도움이 된다면 그거야말로 더할 나위 없이 좋은 일일 테지만 말입니다.

그럼 부탁드립니다.

가위가 소음으로 시작되는 경우가 꽤 많습니다.

가위에 눌리는 때는 수면 중 REM인 경우가 많고, 그러니까 Rapid Eye Movement*일 때 반수면 상태라고 해야 할까요?

그때는 외부 자극과 뇌 속의 연상이 혼재되기 때문에 주변 소리가 가위를 유발하는 원인이 될 때도 있고요. 또 다른 가능성은 내재된 심리적 요인과 외부 영의 가능성이 있습니다.

내재된 심리 요인은 스스로의 배제되었던 자아가 발현하고자 하는 거라고 생각하시면 편하겠네요. '나를 봐줘. 이런 감정도 묻혀 있다는 사실을 잊지 마!'라는 시위지요.

외부 영일 경우도 배제할 수 없지만요.

외부 영에 의한 가위 중 대부분은 '청각' 신호로 감지됩니다. 단조로운 소리로 시작해서 그것에 귀를 기울이면 그 소리가 자신의 이름을 부른다든지 위협적인 말로 기를 누른다든지 개인의 경우에 맞게 적용되는 것이지요.

Rapid Eye Movement(급속 안구 운동 수면)
대부분의 포유동물들이 취하는 수면의 종류.

수면상태에 들어가는 또는 의식이 몽롱해지는 어느 순간부터 여러 가지 소음이 들려옵니다. 대체로 몇몇 사람이 중얼거리는 소리였는데요. 그 외에도 발자국 소리라던가 물 흐르는 소리 등등 말 그대로 '소음'이 들려옵니다.

제가 본 것은 영혼입니다

지금은 스물다섯 살의 건장한 청년으로 학교에서 일하고 있는 사람입니다. 다름이 아니라 제가 본 것들을 이야기하려 합니다. 중2 때로 중간고사 기간이었습니다. 아직도 생생하고 그 생각을 하면 오싹해집니다.

밤 9시 정도로 기억합니다. 잠을 청하려고 하려는 순간(물론 방 안의 불은 꺼져 있는 상태입니다) 무엇인가 내 눈 위로 왔다 갔다 하더라고요. 조심스레 눈을 떠보니 하얀 주먹손이 제 눈 바로 위에 있었습니다. 주먹 쥔 손이 갑자기 활짝 피더니 제 눈앞에서 왔다 갔다가 하는데……

무서워서 울었죠. 누나는 악몽을 꾼 거라고 하지만 분명히 저는 잠을 자기 전이었습니다.

한참 후 안정을 되찾은 저는 다시 잠을 청했습니다. 또 그 하얀 손이 있을까 싶어 눈을 떠보았지만 없었습니다.

안심을 한 후 발 밑 벽을 보고 있는데 긴 머리에 긴 외투를 입은, 그림자 같은 그 무엇이 걸어오고 있는 겁니다. 여자인지 남자인지는 모르겠습니다.

처음에는 저 멀리 있는 것 같더니 나중에는 바로 제 앞에 있는 거 같았습니다.

그때부터 잠을 자기 전에는 방 안을 둘러보는 습관이 생겼습니다. 제가 헛것을 본 건지 그렇지 않다면 그것은 무엇인지 무척이나 궁금합니다. 아! 그리고 우리 집 뒤에는 무덤이 있거든요.

집 뒤가 묘지 터예요. 오래전부터 있었던 건데요. 스님이나 지리를 보는 분들은 터가 좋다고 하더라고요. 한 번은 어떤 사람이 터를 사겠다고 한 일도 있었거든요. 혹시 '터'와 관계가 있는 건지.

집 뒤에 무덤이 있는데 '터'가 좋다고 하셨다고요? 제 생각엔 잘 이해가 안 되는 말이지만 글로 미루어 보았을 땐 집의 위치와 관계가 있다고 생각이 드네요.

전 영이란 존재를 절대적으로 믿는 사람은 아닙니다. 하지만 이 세상을 살아가는 생명체들이 있듯이 그 외에 다른 존재들도 우리가 살아가듯 그들도 그렇게 살아간다고 생각합니다.

단지 그들의 눈에 우리가 보이지 않을 수도 또는 우리 눈에 그들이 보이지 않을 수도 있다라는 생각은 하지요.

아마도 님의 집 바로 뒤가 무덤이라면 그들이 오고 가는 것을 님이 보았을 수도 있겠네요.

이건 제 개인적인 추측이지만 스님이나 풍수지리가들이 님의 집터를 좋다고 말했다면 아마도 이런 의미였을 것 같습니다. 우리들이 가족의 묘 터를 살 때는 풍수학을 보고 땅을 고르기 때문에 비교적 좋은 터를 잡아 묘를 만들지요.

님의 집 바로 뒤가 무덤 터라면 풍수지리가들이 보기에 편안한 땅으로 보였을지 모릅니다. 하지만 산 사람이 편안한 터와 죽은 사람을 안치하는 터는 조금 다르다고 생각되는데요.

만일 앞으로도 이런 일이 생긴다면 그래서 본인이 불편함을 느낀다면 거주지를 옮기는 것도 괜찮을 듯싶습니다.

무의식에서 사람을 죽일 뻔 했어요

요즘 들어서는 그게 더 심해지고 있습니다.

가위를 감지한다는 거. 가위에 눌리기 전에 미리 압박감 같은 것이 느껴져 제가 곧 가위에 눌릴 거라는 걸 알게 되지요.

오후에 남자친구랑 학교 갔다 와서 잠깐 졸았는데 가위에 눌린 것 같았습니다. 간신히 몸을 움직여 깨어났는데 제 옆에 제 남자친구의 얼굴이 창백하게 굳어져가고 있었습니다.

이유는 제 손이 남자친구 목을 조르고 있었던 것입니다.
제 행동에 놀라서 죽는 줄 알았어요.

다행이 남자친구는 정신을 차렸지만 목에 선명하게 멍이 남았고요. 신애 님 가끔 제가 옆 사람을 가위에 눌린 무의식에 때리거나 꼬집은 적은 있는데 이번처럼 심한 경우는 처음이라 많이 놀랐습니다.

신애 님이 도와주세요.

걱정스럽네요. 많이 놀랐죠?

우선 가위에 대한 것은 제가 도움을 드릴 수 있으나 잠결에 하는 행동이 옆에 있는 사람을 다치게 할 정도라면 이런 부분은 정신과에서 최면 요법을 받아보는 게 좋겠어요.

무의식에 잠재되어 있는 어떠한 증오심이 다스려지지 않을 경우에 이러한 행동이 나타난다는 것을 심리학 시간에 배운 적이 있습니다. 최면 요법은 무의식 상태에서 자연스럽게 대화로 치료를 실행하기 때문에 많은 부담이 없을 것입니다.

전 의사가 아니니 정신학에 관해서는 부족한 조언 정도밖에 해드릴 수가 없네요. 가위가 눌릴 때에는 정제되지 않은 바다 소금을 잠자리 주변 곳곳에 놓아두세요.

스님들이나 무녀들이 산 기도에 올라갈 때 잡귀신을 못 오게 하려고 많이 쓰는 방법인데 가위에도 많은 도움이 되는 걸로 알고 있습니다.

그리고 가장 중요한 것은 본인의 의지예요. 물론 힘들다는 것 알지만 잠자는 중에도 자신이 원하지 않는 행동을 제어하려고 본인 스스로 강한 마음을 먹는다면 지금보다는 훨씬 좋은 결과가 있을 것이라고 봅니다. 기운 내세요.

제 동생이 걱정 돼요

우선 제 동생은 1981년 생 닭띠이고 혼자선 잠을 못 잡니다. 가위도 매우 잘 눌리고 잘 때마다 옆에 누가 있나 확인하고 나서야 안심하고 사람을 꼭 붙잡고 자려고 해요.

그리고 좀 심각한 얘기인데요. 제 친구가 놀러와서 같은 방에서 셋이 자는데(저는 동생이랑 한방을 쓰고 있습니다) 동생이 자다가 깼더니 친구 배 위에 아기가 붙어 있어서 놀랐다는 것입니다. 그래서 그 친구가 고백을 하더라고요. 낙태를 한 적이 있다고.

동생한테 무슨 문제나 병이 있는 것은 아니겠지요?

그리고 저희 언니는 혼자 방을 쓰는데, 바로 옆에서 쇳소리처럼 날카로운 소리가 들린다고 합니다. 귀가 뻥 뚫린 것처럼 말이죠.

그리고 잠이 들려고 하면 또 침대 밑에서 누군가가 뭔가를 언니 쪽으로 자꾸 던진다고 하네요. 그러고 나면 언니가 몸이 아파서 움직이지를 못해요.

혹시 집터가 안 좋아서 그런가요?

우리 자매 모두, 특히 씻을 때 누군가가 쳐다보는 것 같아서 항상 두리 번거리거든요. 그리고 참고가 될지는 모르겠지만 전 분신사바를 자주 했습니다.

남들보다 잘 되는 것 같기도 하고 분신사바를 하면 제 몸에 무언가 실리는 느낌두 있고 다른 사람의 비밀을 맞추기도 했었습니다.

신애 님 답변 기다릴 게요. 무서운 말씀을 해주시면 저 잠 못 자요.

무서운 말을 일부러 해드릴 일이야 없지요. 우선 집터가 좋지 않다는 느낌은 들어요. 향을 피워 집안을 깨끗이 하세요.

가능하면 팥 주머니를 방마다 하나씩 만들어두시고요. 동생 분이 특별하게 이상한 것은 아닙니다. 누구나 한 번쯤, 혹은 자주 가위에 눌리고

또 영을 보신다는 분들도 있으니까요. 그냥 사람 개개인의 다양성으로 보시고 병으로 취급하시지는 마세요.

그리고 제가 상담할 때마다 늘 하는 이야기인데 분신사바는 절대로 하지 마세요. 신 점을 치는 무당이 아니고서야 아무런 방법으로 영을 부르게 되면 떠돌이 영이 모여들게 되어 있습니다.

그리고 잠 잘 때마다 가족 간에 그런 일을 겪는다면 방위의 문제일 수 있으니 잠자리를 옮겨보는 것도 괜찮습니다. 머리는 남쪽으로 향하는 것이 좋고 방 안에 오래된 물건은 놓아두지 마세요.

분신사바

　우연히 신애 님의 소문을 알게 되었는데 너무 좋네요. 너무 멋져요. 지금 전 신애 님과 같은 나이입니다.

　중학교 2학년 때쯤 아마 학기 초일 거예요. 전 친구가 별로 없었습니다. 같은 반인데도 모르는 아이가 있을 정도였죠.

　영혼을 부르는 '분신사바'라는 놀이가 있잖아요. 솔직히 그런 거 잘 믿지 않는데 그냥 호기심으로 친구와 분신사바라는 걸 처음으로 해봤어요. 그냥 아무 생각 없이 주문을 외웠는데…… 반 친구들이 진짜인지 장난인지 궁금해서 질문을 해왔습니다.

　그러다가 말도 안 해본 어느 아이가 오더니,

　"이게 뭐야? 난 이런 거 안 믿어. 너희가 손으로 움직이는 거지? 아니라면 우리 아빠 회사 전화번호 맞춰봐!"

　솔직히 저도 제가 손을 조금씩 움직이는 것인지 같이 하는 친구가 움직이는 것인지 의심이 들어서 전화번호를 맞춘다는 건 자신이 없었어요.

그런데 그 순간, 제 주위에 있던 애들이 감탄사를 지르며 놀라더군요. 정확히 전화번호 일곱 자리를 순서대로 써나가는 것이 아니겠어요. 우리를 안 믿었던 그 친구는 너무 놀라서 비명을 질렀습니다. 저도 제가 그걸 맞췄다는 게 믿어지지 않았어요.

그냥 우연이겠지 하면서 넘겼는데…… 후에 혼자서도 하게 되었습니다.

어떤 영혼인지 궁금해서 질문을 해보니깐 다섯 살 때 죽은 남자아이라고 하더군요. 그땐 그냥 호기심으로 그런 걸 했는데, 시간이 지나자 학교에 다시 그게 유행하기 시작하더라고요. 여름에 많이 하잖아요.

남녀합반이었는데 어떻게 하다가 제가 그걸 하게 되었어요.

남자아이들은 모두 믿지 않았습니다.

"너네 이거 다 짜고 하는 거지?"

물론 기분은 안 좋았죠.

야자(야간자율학습)가 끝나고 교실에서 불까지 꺼놓고 우린 분신사바를 하게 되었습니다. 주위엔 남자 여자아이들이 열 명 정도 되었고요. 밤이 되니까 더 장난이 흥미로웠습니다.

할 때 저는 눈을 감으니까 몰랐는데 나중에 다 하고 나니까 종이의 빈틈

54

이 아예 보이질 않았어요.

　우리 반 남자아이의 주민등록 뒷자리 번호, 친구 동생의 생일 잘 알지도 못하는 아이의 성적, 그리고 등수까지. 모든 것이 숫자 하나도 안 틀리고 다 맞았습니다. 전 그걸 할 때면 시간관념이 없어져요.

　그 이후로도 전 많은 걸 맞추고 있습니다. 전 몸이 좀 허약해서 빈혈도 심한 편인데, 집중력도 약하고 기도 약하고요. 분신사바 할 때는 아프지도 않고 애들이 저보고 신들렸다고 해요.

　분신사바를 앞으로도 계속 하면 안 되는 건가요?

　분신사바는 의식의 체계보다는 여러 사람의 강렬한 호기심이 영을 끌어온다고 해야 맞을 것 같습니다.

　그래서 그 행위를 할 때에 실제로 영에 씌는 경우가 대단히 많은데 문제는 한 번 접촉한 뒤 제대로 돌려보내는 의식은 행하지 않는다는 데 있어요. 매우 위험한 일이지요.

　신을 받은 샤먼이 아니라면 영을 다룬다는 것은 독을 먹는 것과 같은 것이라고 봅니다. 샤먼, 즉 무당은 오랫동안 연마해 온 주술적 신통력과 신과의 대화법을 터득해 온 사람입니다. 분명 일반인과는 다르겠지요. 무녀가 될 생각이 아니시라면 전 그만두라고 말하고 싶네요.

죄책감

안녕하세요. 신애 님.

우선 제 소개를 먼저 하겠습니다. 올해 스물두 살이고요. 예전의 남자친구와 헤어졌습니다. 그 남자친구와 사귀었을 때 아이를 갖게 되었어요. 그런데 그 아이를 낙태하고 말았습니다.

그리고 며칠인지 몇 달인지는 기억이 나지 않지만 꿈을 꾸었거든요. 꿈에서 어느 까만 옷을 머리까지 뒤집어쓴 사람이 있었습니다. 뒤에는 아기가 있었는데 그 사람이 업었는지 아님 그 아이가 매달려 있었는지는 기억이 나지 않지만, 그 아이가 저를 보고서 저에게 기어오는 거였어요. 그리고 저의 몸으로 기어올라와 저의 목에 매달렸어요.

그 순간 그 아이의 얼굴을 바라보니 미라와 같은 몰골이었습니다. 눈은 퀭 하니 뚫려 있고 제가 그 모습을 보고 도망가려 하자 그 아이가 제 목을 조여와 꼼짝 못하게 만들더니 가위에 눌렸습니다.

그 꿈이 아직도 생생하게 기억이 나네요. 물론 저의 잘못으로 일어난 일이지만 겁이 나고, 제 아기가 저에게 너무나 화가 나서 저한테 그렇게 하는 것 같고 마음에 걸립니다. 가슴이 아파요.

신애 님 이 글을 읽고선 화가 많이 나실 텐데, 제 자신이 더 용서가 안 되는 건 헤어진 남자를 잊지 못하겠어요. 제가 그 사람을 사랑하기 때문에 제 아기한테 너무 미안해요.

신애 님 제 마음을 이해하실 수 있는지 모르겠지만 절 도와주세요.

죄송합니다.

사랑이란 뭘까,를 잠시 생각하게 해주시네요.

우선 아이에게 미안한 마음이 있으실 겁니다. 그런 만큼 갚아나가시면 됩니다. 미안한 마음만으로는 님의 맘도 상하고 몸도 상하고 모두 힘들어질 뿐입니다. 사람이니까 실수가 있을 수 있습니다. 아이를 낳아놓고도 낳지 않느니만 못한 그런 사람도 많습니다. 전 낙태를 찬성하는 것은 아니지만 일이 이렇게 되었다면 과거에 얽매이기보다 미래를 생각하세요.

미안하다고 생각이 되신다면, 잘못한 게 아닌가란 생각이 드신다면, 일주일에 하루라도 꽃마을이나 보육원으로 가셔서 사랑이 부족한 아이들에게 미안한 마음을 표현하세요. 죽은 아기 대신 그 아이들을 씻겨주고 안아주세요. 좋은 경험일 거라고 믿습니다.

그리고 죽은 아이에 대한 것은 절에 가시면 스님들이 영가를 위해 올려주는 천도제가 있습니다. 개인적으로 하시기 불편하시다면 단체 천도제를 올릴 때 같이 하시는 것도 괜찮을 듯. 방법은 절에서 자세하게 알려주실 거예요. 님과 같은 상황에 처하신 분들이 많이 다녀가신답니다. 두렵세 생각하시지 않으셨으면 좋겠어요.

그것만이 님을 살리고 님의 실수로 어긋난 운명을 달래는 길입니다.

그리고 그 남자 분에 대해서는 남자 분은 님이 힘들어하실 때 어디에 계셨는지. 그런 그 남자 분을 잊지 못하는 것은 정말 사랑하기 때문인지, 잘못되어 버린 상황에 대한 미련인지 다시 한 번 잘 생각해 보세요.

그 남자 분의 그런 잘못된 행동까지 모두 품을 수 있는 마음이시라면 먼저 자신을 용서하시고 그리고 나서 그 남자 분을 용서하신 다음에 사랑을 이어가시기 바랍니다.

가위에 대해서

　아는 선배가 어떤 염주를 주워온 후로 자꾸 가위에 눌리게 된대요. 정말 심각해서 매일밤 잠도 못 자고 살이 빠질 정도예요. 근데 또 이상한 건 그 선배 방에서 잘 때만 그런 일이 생긴다고 하네요. 염주를 갖다 버리고 난 후에도 계속 방에서 그런 일이 생기고요.

　가위 눌릴 때 거기서 항상 같은 말이 나오는데 "잠자고 싶어?" "그 여자가 그렇게 보고 싶어?"라고 한대요. "그리고, 그런데, 그리고, 그러나" 이 말들이 반복적으로 들린대요. 테이프 빨리 돌려 듣는 소리처럼 삐리리릭 하면서 저 세 문장이 계속 들린다고 하네요.

　걱정이 돼서 제가 이렇게 글 올려봅니다

충분히 가능한 얘기입니다.

염주에 서려 있는 사념의 집합이 염주를 떠나 선배님의 공간으로 옮겨간 경우입니다. 우선 향을 피워 사념을 누르는 기운을 만드신 뒤 복숭아나무 가지를 걸어두십시오.

그리고 나서 Van oil을 만들어 정제하셔야 합니다. 방법은 우선 집의 문, 창문을 포함한 모든 문이란 문은 모두 열어놓아야 합니다. 그리고 Van oil을 만드셔야 합니다.

우선 두 스푼의 레몬 그래스에 두 스푼의 오일을 섞어서 바다 소금으로 정결히 한 병에 일주일 간 담아두면 Van Oil이 됩니다.

레몬 그래스란 허브의 일종인데요. 꽃집에 가서 허브 화분을 구입하셔도 되고 아마 1500원 정도의 저렴한 가격일 겁니다. 말려놓은 레몬 그래스를 이용하셔도 됩니다. 그리고 4리터의 물과 1/4컵의 암모니아로 문을 안에서 밖의 방향으로 씻어내세요. 암모니아가 무엇인지는 아시죠.

그 후엔 4OZ.의 물하고 4OZ.의 식초, 한 스푼의 개나리 나무 뿌리 간 것, 한 스푼의 바질, 한 스푼의 로즈메리를 모두 섞습니다. 바질과 로즈메리 역시 허브의 일종입니다. 화분으로 키우셔도 되고 말린 잎을 백화점 지하 같은 곳에서 구하셔도 됩니다. 이것을 둘로 나눈 뒤 하나를 집의 동서남북 방향에 발라둡니다. 어떠한 소리를 내어서도 안 됩니다.

　남은 액체를 다시 정확히 반으로 나누어 하나는 정북쪽에 그리고 나머지 하나는 정남쪽에 위치시키면 주술 의식이 끝납니다. 다소 길고 어렵지만 영을 쫓기 위한 의식으로 생각하시고 차분히 실행하시길.

나에게만 일어나는 현상인가요?

오늘 여기 처음 방문했어요. 정말 좋군요. 남들에게 툭 터놓고 말하지 못하는 부분들을 이렇게 말하고 상담도 해주니. 그리고 특별한 경험을 하신 분도 많군요.

저도 그런데……. 이렇게 몇 마디 남겨볼까 해요.

전 한 번도 제가 특별하다고 생각해 본 적은 없지만 자꾸만 주위에서 이상한 일들이 일어나네요. 물론 거기에 크게 집착하는 편은 아니지만 신경이 쓰인답니다.

친구들에게는 무섭다는 말을 많이 들어요. 성격이나 외모가 아니라 그냥 무섭다는 거예요. 그냥 제 눈을 보고 있으면 무섭데요.

귀신도 가끔 봤어요. 어디를 가는지 바쁘게 가는 것 같았는데, 어떤 귀신은 저한테 신경도 안 쓰고 그냥 사라지고, 어떤 귀신은 무서울 정도로 저를 응시하더군요.

그리고 밤에 저를 부르는 소리를 자주 들어요.

"효진아, 효진아" 하고 이름을 부르곤 해요. 그럴 때면 전 대답하고

싶다는 생각이 들 때가 많이 있어요. 환청도 많이 듣는 편이고 이상한 것
도 많이 봐요.

엘리베이터를 친구랑 탔는데 문 사이에 끼어 있는 아기의 발을 보고
놀라서 자지러졌어요. 물론 제 눈에만 보였습니다.

왜 자꾸만 제 주위에 이런 일들이 일어나는 걸까요? 조금 생각이 많다
는 것만 빼면 이렇게 평범하기만 한 고등학생일 뿐인데 말이에요.

세상에 어떤 사람도 특별하지 않은 사람은 없습니다. 또한 어떤 사람
도 특별한 것은 아닙니다. 특별히 '이상한' 사람인 것은 아니라는 의미
입니다.

우선, 효진 님을 부르는 소리에 대답하지 않으신 것은 정말 잘하신 일
입니다. '반응'하는 것과 '느끼는 것'은 천지 차이입니다.

효진 님이 일단 반응하고 나면 건너편에서도 효진 님이 자신들을 느
끼고 있다는 것이 '증명'되기 때문입니다. 또한 효진 님 역시 그들의 존
재를 공식적으로 '인정'해 버리는 것이 되니까요. 앞으로도 대답은 삼가
주세요.

효진 님에게만 보이고 다른 사람에겐 보이지 않는 많은 현상은 효진

64

님이 그만큼 예민하게 세상을 바라보신다는 증거입니다. 이상할 것도 없고 나쁜 것도 아니니 걱정하시지 않았으면 합니다. 이러한 현상들이 싫다면 녹두와 찹쌀을 한 줌씩 섞어 주머니를 만든 다음 교복 안주머니에 넣고 다니세요. 도움이 될 것입니다.

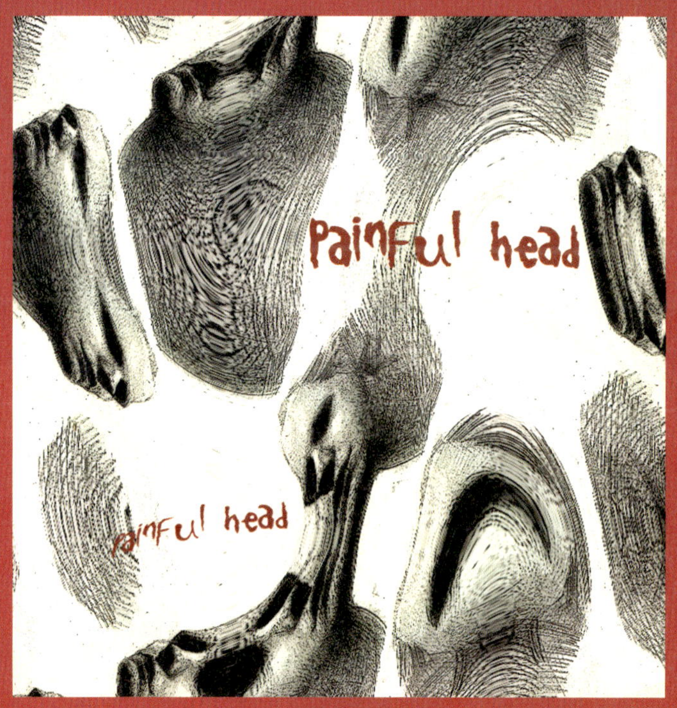

침대 옆의 관

요즘 많이 바쁘신 것 같은데 그래도 꼭 대답해 주세요.

결혼한 지 3년 4개월 되었습니다. 26개월 된 딸아이 하나도 있습니다. 저희 집은 3층짜리 다세대 주택인데 전 1층에 살고 3층에 시부모님이 살고 계세요.

몇 달 전쯤이었어요

밤에 딸아이는 시부모님과 따로 자고 저는 남편과 둘이 자면서 꿈을 꿨죠. 그날도 가위에 눌렸어요. 낮잠을 자면서도 가위에 잘 눌립니다.

여느 때처럼 가위에 눌릴 땐 눈 뜨고 있는 것처럼 내가 자고 있는 방이 선명하죠. 제 옆에 남편이 누워 있고요.

실제로는 남편 옆이 벽인데 꿈에선 벽이 없었죠. 그리고 남편 옆에 어떤 남자가 누워 있었어요. 공중에(우린 침대를 쓰고 있어서 그 남잔 공중에 남편 옆으로 떠 있었어요 아주 편안하게).

그리고 그 남자 옆에 한 여자가 더 있었습니다. 그런데 그 여자가 제 남편 쪽으로 그 남자를 건너서 다가오더군요. 목을 조르려는 자세를 취하며.

　제 남편에게 해를
끼치려는 여자를 막
으려 꿈에서 깨어야
겠다는 일념하에 안간
힘을 썼고 일어나서 남편

을 깨웠습니다. 근데 남편도 자길 잘 깨웠다며 자기도 악몽을 꿨다고 하
더군요.

　다음 날 회사에 있는 남편과 전화 통화를 했습니다. 어제 꿈에 대해서
이야기를 나누었습니다. 그런데 비슷한 상황의 꿈을 꿨더군요.

　약간 달랐던 것은 남편의 꿈에선 남편에게 누군가 해를 끼칠지 모른
다고 꼭 엎드려 있으라고 했대요. 그래서 엎드려 있었고 벽 쪽의 자기 옆
에는 관 하나가 놓여 있었답니다.

　지금도 그 여자와 남자의 얼굴이 생각나요. 주름이 깊게 패인 검푸른
빛의 얼굴. 그 꿈 때문에 남편하고 이야기를 하게 됐는데, 제가 낮잠을
자면서 자주 가위에 눌리는 상황들이 남편도 꼭 같더군요. 우리 아이도
1층에 내려오면 잠을 못 자는지 3층에 올라가서 자려고 합니다.

　제가 물어보고 싶은 건 2층으로 이사를 가려 하거든요. 2층도 그럴지
알고 싶어서요.

세 살 된 아기 참 예쁘겠네요.

제가 생각하기엔 집터, 즉 지기(地氣)가 님과 가족한테 안 맞나봅니다. 땅속에 수맥이 흐르고 있어서 그 자리에 자는 사람은 꿈이 뒤숭숭하고 헛것이 보인다거나 하는 경우가 많거든요.

님이 생각하시는 대로 이사를 해보시는 것도 좋은데요. 만약 안방 자리가 1층과 같다면 가구 배치를 다르게 해보세요.

동남쪽으로 머리를 두게 배치하시고 흔히들 집에 손이 있는 자리에는 (무속 신앙에서 손이 있는 자리란 집안의 기운이 막힌 곳을 뜻합니다) 가구나 짐을 두지 마세요.

손이 있는 자리를 알아보는 방법은 가족 종교가 불교라면 스님께 집 안 구도를 설명해 드리고 여쭤보면 알려주실 거예요. 아니면 샤먼을 찾아가는 것도 방법이고요.

남편 되시는 분과 님의 베개 속에 찹쌀과 녹두팥을 3 : 3으로 섞어서 넣어두는 것도 방법입니다.

집안의 귀신을 멀리 보내고 싶습니다

가위에 심하게 눌리는 저는 할머니가 식칼을 머리맡에 두고 자면 가위에 안 눌린다고 해서 그렇게 해봤습니다. 신기하게도 한 달 정도 가위에 안 눌렸습니다.

이제는 괜찮구나 생각했습니다. 그런데 두 달 정도가 지나자 다시 눌리는 기예요. 갑자기 일어난 일이라 얼마나 놀랐던지. 그때부터는 더욱 심해졌습니다.

천장에 이상한 검은 물체(검은 중절모에 검은 옷을 입은 사람)도 보이고 귀 근처에서 욕 같은 상스런 소리도 막 들리고 꿈도 이상한 꿈만 꾸는 겁니다.

40대 중반 정도의 목소리랑 20대의 젊은 남자 목소리를 들었는데 언니한테 말했더니 언니도 똑같은 경험을 했다는군요.

그리고 어렸을 때 잠을 자는데 엄마가 갑자기 벌떡 일어나서는 뒤돌아 앉아서 가만히 있는 거예요. 전 엄마가 이상해서 엄마를 불렀어요. 엄마, 하고 부르니까 엄마가 뒤를 확 돌아보더니 절 죽일 듯이 노려보는 거

였습니다. 전 너무 무서워서 이불을 뒤집어
쓰고 잤는데 아침에 여쭤보니 그런 적이 없
다는 거예요.

너무 무서웠던 일이라 아직도 기억하고
있습니다.

집터가 세다는 말을 듣고는 엄마가 무당
집 같은 데 가셨다가 어떤 방법을 적어와서
뭘 만들어 그것을 뿌리고 종이에 싸서 놓아
두기도 했지만 그 후에도 저희 집은 더욱
나쁜 일이 생겼어요.

이런 일이 왜 생기는 거죠? 귀신을 보내
고 싶어요. 해결법 좀 알려주세요.

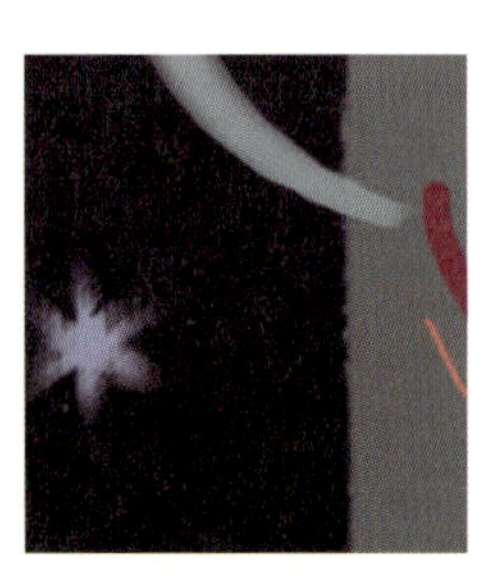

우선 베개 밑에 칼을 넣어두는 것은 확실히 주술적 의미와 효과가 있습니다. '꿈을 자른다'는 의미라 할 수 있지요. 하지만 본질적인 문제가 해결되지 않는 한 피상적일 수밖에 없습니다.

예를 들어 환경적인 문제의 경우, 머물고 계신 곳이 치명적으로 '영적인 오염'이 극단화된 곳이라면 '떠나는' 이외의 방법은 힘든 경우가 많습니다.

그래도 제가 아는 방법을 알려드리자면 샤먼들이 하는 굿으로는 안택굿(집안을 편안히 하는 굿)이 있고 개인적으로 할 수 있는 것에는 대문 앞에다가 매밀묵 한 모와 막걸리 한 사발을 떠놓고 한참 시간이 흐른 후에 그 음식들을 되도록 먼 곳에 버리세요.

그리고 "다 잡수셨으면 좋은 길로 가세요" 해보세요. 혼잣말을 한다는 것이 조금은 이상하겠지만 영을 억지로 떼려고 해서 안 된다면 달래서 보내는 것도 방법입니다.

자살이란

　얼마 전에 제 친구의 친구가 자살을 했다는 소식을 들었습니다. 제 친구는 처음에는 무척 황당해 했죠. 시간이 조금 지나니 화를 내더군요. 그렇게 간 그놈이 용서가 안 된다고요.

　남은 사람들은 그 슬픔을 어떡하라고, 그렇게 간 것에 대한 원망이었겠죠. 하지만 전 정말 힘들어서 자살을 선택했다면 그 친구에게 화를 내는 넌 정말 나쁘다고 말했습니다. 사는 것이 얼마나 힘이 들었으면 자살을 했겠냐고, 죽어서까지 친구에게 욕을 먹어야 하느냐고.

　이런 말은 전혀 그 애에게 먹혀들지 않았죠. 자살도 하나의 선택이고, 인생에서의 커다란 선택 중에 하나라고 생각합니다. 죽음은 존재 방식이 변하는 것뿐이라고 생각하거든요. 자신의 존재방식을 자신이 선택한 것에 대해서 비난받아야만 하는지.

　신애 님 궁금한 건 그거예요.

　정말 자살한 사람들은 죽어서도 불행한가요? 천국에 못 간다는 그런 말 사실 무척 무섭습니다.

주위 사람들의 슬픔이 정작 죽은 사람의 힘들었던 인생의 고통보다 더 대단한가요?

글쎄요. 우리는 죽음에 대해서 많은 '터부'를 가지고 있지요. 가장 강한 터부라고 말해야 할까요? 죽음을 희화화해서는 안 된다, 함부로 말해서는 안 된다는 둥의…….

두려움이 터부를 만들지만 때로는 터부가 두려움을 강화하게 하지요. 하지만 죽음은 아주 커다란 순환의 고리 중 하나일 뿐입니다. 태어난 이상 반드시 따라오는 것이지요.

'결과'가 아니라 '살아 있는 것'과 마찬가지로 '상태'일 뿐이겠지요. 삶의 슬픔으로 스스로 결단을 내렸을 때 '죄'라는 이름으로 바라보지만 아무도 그 사람의 인생과 결심을 '판단'할 수는 없습니다. 그 사람의 판단대로 행한 행동을 용기라 이야기하든 만용이라 이야기기하든 외부인의 눈으로 바라본 입장일 뿐일테니까요.

자살을 결심했을 때, 여러 가지 상태가 있었을 수 있겠지만 정말 절망의 나락이라든지 극단적인 좌절이었을 거라고 단언할 순 없어요.

제 친구 중엔 깨끗이 주변 정리하고 목욕도 잘하고 마시는 컵에 '이

컵은 해로운 약품이 담겨져 있었으니 사용하지 마세요'란 딱지를 붙이고 그 컵에 약을 담아 마신 경우가 있어요.

친구가 선택한 공간에서 그 아이의 마음을 느낀 적이 있습니다. 단호함이라고 해야 할까.

선택한 길에 대한 마음이 슬픔뿐이라고 느껴지진 않더군요. 그래도 그 순간의 힘든 마음이야 오죽하겠습니까만. 그 맘이 절망이나 좌절뿐이었으리라곤 생각되지 않아요.

'정리'한다는 것, 꽃이 진다는 것, 보름달이 기운다는 것 그리고 스스로 그 때를 결정한다는 것. 꼭 절망만이 그 순간 함께했으리라고는 생각지 않습니다. 그 사람들의 선택에 나름의 판단이 함께했을 것이라 생각하며 그 선택을 존중하고자 합니다.

자살이란 건 남은 사람들의 슬픔이기도 하지만 죽은 이의 인생을 건 결심이기도 하니까요.

귀신이 내 몸 안에

전에 제가 몸이 약해졌을 때 빙의를 경험해 본 적이 있습니다. 내 몸 안에 다른 누군가가 있다는 그 느낌은 정말이지 끔찍합니다. 그 뒤 혹시 제 자신이나 주변에 안 좋은 기운이나 영이 제 앞길을 막고 있는 게 아닌가 하는 생각이 들더군요

그래서 궁금한 것은 그런 것이 존재하는지 만야 존재한다면 확인할 수 있는 방법은 있는지 그리고 확인되면 퇴치할 방법은 있는지 정말 궁금합니다.

참고로 전 기가 약하답니다. 답변 기다리겠습니다

빙의를 실제로 경험하신 것과 가능성을 생각하는 것은 조금 다를 수 있습니다. 가능하다면 빙의가 아닌 경우를 유념해 두고 평정을 찾는 것

이 중요합니다.

'빙의'라면 '느끼고 싶지 않아도' 느낄 수밖에 없는 괴로운 증상들이 매우 명료하게 본인을 괴롭히게 됩니다.

일이 잘 풀리지 않을 경우, 진인사대천명이란 표현이 유효할지 모르겠지만 인간으로서 할 수 있는 노력과 방책을 모두 해본 후, 그럼에도 불구하고 어쩔 수 없는 외부의 영의 방해가 너무도 뚜렷할 때, 마지막 가능성으로 빙의를 생각해 보시는 것이 옳습니다.

모든 영의 움직임이 '빙의'인 것은 아니니, 이 점도 유념해 주시기 바랍니다.

이른바 내공을 기른다고 하지요. 수련의 방식에는 다양한 종류가 있으니 센터링Centering과 그라운딩Grounding을 하셔도 좋고 단전호흡을 하셔도 좋습니다(주술서 편을 보세요).

내부의 힘이 강해지는 것이 잘못된 에너지의 흐름과 이로 인한 일이 꼬이는 현상을 막을 수 있을 테고 또한 빙의의 위험도 최소화할 수 있을 것입니다.

외부인이 "당신은 빙의입니다"라고 하는 말에 쉽게 자신을 무너뜨리지 마시고 스스로의 내공이 강해지는 수련을 하시는 쪽을 권하고 싶습니다.

내 몸 안에 다른 누군가가 있다는 그 느낌은 정말이지 끔찍합니다.

눈, 코, 입이 없는 여자

제가 어릴 때 겪은 이야기입니다.

밤, 아니 저녁쯤이었나. 어쨌든 그쯤인 것 같아요. 그때 전 제 친구와 함께 친구의 형을 따라가고 있었죠.

형이 저와 제 친구에게 만화 비디오를 보여줄 테니 자기 집으로 오라는 거였어요.

그래서 저와 제 친구는 그 형을 따라 계단(5층짜리 아파트)을 올라가는데 그 형은 나이가 우리보다 많아서 성큼성큼 갔고 저와 제 친군 어려서 헥헥거리며 걸어 올라가고 있었죠.

그런데 2와 3층 사이에서 나와 제 친구는 걸음을 멈추고 말았죠. 왜냐면 거기서 귀신을 봤으니까요.

귀신은 기녀 스타일을 한 아기를 업은 여자였는데 눈, 코, 입이 없었어요. 공교롭게도 그 귀신은 복도 스위치 옆에 있어서 우린 눈치만 보았습니다. 우리가 본 게 도저히 믿어지지 않았던 데다가 무서웠으니까요.

우린 비명을 지르며 도망쳤는데 가끔 누군가에게 이 경험을 이야기해보았지만 아무도 믿어주질 않았어요.

신애 님도 제 이야기를 믿지 않나요? 그리고 전 어떻게 해야 하나요?

거짓말이라고 생각하지 않아요.

단 여러 번 보신 것이 아니고 지금 그 일 때문에 특별히 힘들지 않으시다면 자연스럽게 받아들이시라고 말씀드리고 싶어요. 아주 이상한 일이라고 생각지 마세요.

사람이 살아가듯 일어 그 외에 것들도 그렇게 살아간다고 편안하게 생각하시기를…….

불행한 운명

저는 어렸을 적부터 가위에 자주 눌리는 편이였습니다. 여섯 살 때는 몽유병도 있었다고 하더라고요. 제가 처음 가위에 눌리기 시작한 것도 아마 여섯 살 정도인 걸로 기억해요.

한동안은 참 상태가 심했습니다.

지금은 다행히 기가 센 사람 옆에 있어서인지 근 1년 동안은 심하지 않았어요.

먼저 예전 이야기부터 말씀드릴게요.

제가 주로 본 영은 하얀 불빛 같은 영입니다. 나쁜 영인 것 같은데 자주 보였어요. 때로 무리를 이루고 비웃는 듯한 웃음소리를 내며 내 등 뒤에서 마구 지나다녀요(학교에서, 내 방에서, 심지어는 독서실에서도). 저희 집안이 천주교라서 신부님께서 제 방에 성수를 뿌려주시기도 했는데 효과는 그리 길지 않더라고요.

한때는 정말로 잠 자는 게 무서웠어요. 심할 땐 일주일에 나흘은 가위에 눌리고, 하루에 10번 정도까지 눌린 적도 많았어요.

그중 제일 기분 나쁜 건 누가 제 몸을 만져요. 그런 일이 자주 있었어요. 그
것도 아주 기분 나쁠 정도로 섬뜩하게 그리고 숨을 못 쉬게 하고……

그중 제일 기분 나쁜 건 누가 제 몸을 만져요. 그런 일이 자주 있었어요. **그것도 아주 기분 나쁠 정도로 섬뜩하게** 그리고 숨을 못 쉬게 하고(이루 말로 할 수 없을 정도로 많아요).

정말 무서웠던 적은 어떤 여자가 계속 날 바라보고 있었던 일이에요. 몇 번이나 있었어요. 이 일 때문에 성당 사람들이 제 방에 와서 기도도 해주었어요.

또 한 번은 이런 일이 있었어요. 길을 가는데 땅이 갈라지는 거예요. 그때가 밤 늦은 시각이었어요. 아마 자정이 다 되어서였을 거예요. 한참 땅이 갈라지더니 그 아래로 무한한 어둠이 있더군요. 계속 쳐다보다가 너무 놀라 눈을 감고 다시 뜨니 없어졌더군요. 착시인가 생각을 해보아노 너무 선명해서 몇 년이 지난 아직까지 잊혀지지 않습니다.

지금은 사정상 집을 떠나 있습니다. 집을 떠난 근 1년 동안은 가위에 심하게 눌린 적은 없었고요(그건 아마도 지금 옆에 있는 사람이 정말 기가 강한 사람이라 그런 것 같아요).

그런데 몇 달 전 잠을 자는데 베갯머리에서 누가 알 수 없는 목소리로 야단을 치는 것이었어요. 정말 생생했어요.

할머니 같기도 했고 어머니 같기도 했어요(두 분 다 돌아가셨어요). 그리고 꿈에 돌아가신 어머님이 요즘 들어 자주 보여요. 그런데 그 상황이 항상 엄마가 살아 계신 상황이더라고요. 항상 꿈 마지막엔 이런 생각을 하며 꿈을 깨요. '우리 엄만 돌아가셨는데……'

전 정말이지 혼자 있는 게 너무 무섭고 두려워요. 진짜 혼자가 아니란 걸 실감할 정도로 머리카락이 서고 온몸에 소름이 돋아요. 아침은 항상 머리가 무겁고 몸이 피곤해요. 그리고 요즘엔 이런 생각도 들어요. 내 주위 사람들은 내가 없어야지 모든 일이 잘 성사될 거란…….

내가 있으면 재수가 없는 것 같아요. 그냥 신세를 한탄하는 것 같겠지만, 나로 인해 일이 되지 않는 것 같아 주위 분들에게 너무 미안해요.

신애 님께서 아는 한도 내에서 답변을 주셨음 해요.

본인이 나쁜 영을 불러들인다는 생각은 하지 않으셔도 됩니다. 그런 것은 없으니까요. 단지 다른 영을 보고 그로 인한 공포와 유리된 심령으로 인해 생성되는 암흑은 사령들이 좋아하는 것이기 때문에 그것을 보고 불빛에 꼬이는 나방처럼 올 수는 있습니다.

지금 님께 가장 중요한 것은 '중심'을 잡는 것과 자신감을 지켜내는 일이라고 생각되네요. 말은 쉽지, 라고 생각하실 수 있을 것 같아요. 사실, 말은 쉽지만 가장 힘든 일이지요. 하지만 꼭 해내셔야 하는 일이며 지금 상황에서 유일한 정답일 것 같습니다.

차근차근 시작하지요.

똑똑똑

안녕하세요?

얼마 전에 일어났던 신기한 일을 말하려고 하는데 어찌된 건지 알려 주세요. 우리 가족은 좀 많아요. 아빠, 엄마, 나, 큰언니, 작은언니, 남동생 이렇게 여섯 식구랍니다.

그날 저는 피곤해서 12시쯤에 자고 언니는 2시 30분쯤에 화장실 갔다가 시계 보고 잠자리에 들었대요.

언니가 잠을 자려고 눈을 감았는데 갑자기 추워지더니 '스一' 하는 소리가 들리더래요. 바람이 부는 것처럼. 그래서 언니가 이불을 덮었는데 밖에 무슨 소리가 나더니 누군가가 언니한테 후다닥 달려오는 그런 느낌이……. 귀에 들리는 소리는 아닌데 말이죠.

그리고 그 순간부터 몸을 움직일 수가 없었대요. 간신히 눈을 떴는데 벽 쪽에서 누군가 앉아서 언니를 쳐다보고 있었대요. 그런데 얼굴이나 몸은 안 보이고 그냥 검은 그림자만, 사람 형상의 검은 그림자만 언니를 쳐다보고 있었대요.

언니가 무서워서 "엄마! 엄마!" 하고 불렀는데 그냥 입 안에서만 맴돌고 나오지를 않았대요. 그런데 엄마가 잠귀가 밝아서 미미한 소리를 듣고도 깼죠.

가위에 눌린 언니를 보고 엄마는(우리 집은 천주교라서 성당에서 하는 성수가 있어요) 그걸 꺼내서 언니한테 십자가를 이마에 그어주고 방에다가 성수를 뿌렸습니다.

그리고 엄마랑 같이 잤답니다.

이상한 건 그 꿈은 언니가 가위 눌리기 하루 전날에 제가 꾼 꿈이에요.

꿈에서 저랑 언니들이 마루에서 텔레비전을 보고 있고 엄마는 설거지를 하고 계셨어요. 제 꿈에선 언니들이 좀 이상하게 초점 없는 눈으로 그냥 멍하니 텔레비전만 주시하고 있었어요. 그러는 사이 갑자기 누가 우리 집 문을 똑똑똑 두드렸어요.

제가 나가봤는데 아무도 없었습니다. 다시 들어와서 언니들한테 "누가 문을 두드렸는데 아무도 없어" 하고 말했는데 언니들은 쳐다보지도 않고 계속 초점 없는 눈으로 텔레비전만 바라보고 있었어요.

그 순간 또 똑똑똑 하고 두드리는 소리가 들렸어요. 다시 나가봤는데 우리 집 오른쪽 옥상 올라가는 쪽에 누가 서 있었습니다. 사람 형상인데 몸은 안 보이고 그림자만, 검은 그림자가 나를 쳐다보고 있었어요.

저는 무서워서 문도 닫지 못하고 막 뛰어들어와서 엄마한테 밖에 누가 있으니까 나가보라고 했죠. 엄마가 그래서 나갔는데 아무도 없대요. 분명히 있었는데. 저는 너무 무서웠죠.

그런데 다시 똑똑똑 소리가 들리는 거예요. 저는 무서움을 참고 다시 나갔죠. 역시 검은 그림자가 서 있었어요. 저는 엄마한테 소리를 지르면서 달려갔죠. 엄마는 제가 너무 무서워하니까 밖에다가 뭘 뿌리면서 물러가라고 했어요. 엄마가 뿌려주신 게 아마 성수였나봐요. 정말 이상하죠?

꿈에서 우리 집 앞에 서 있는 검은 그림자를 보고 그 다음 날 바로 언니가 꿈에서 봤던 검은 그림자한테 가위를 눌린다는 것이, 또 꿈에서 엄마가 그랬듯이 똑같이 언니한테 성수를 뿌려주었죠.

너무 신기하고 무섭습니다. 그 검은 그림자가 나를 찾아오다가 잘못 온 것인지 아니면 언니의 일을 예견한 건지 꼭 알려주세요. 아! 또 한 가지, 분명히 언니가 잠자리에 든 시간이 새벽 2시 30분쯤이었다고 했는데, 언니가 가위를 눌린 시간은 한 5분도 안 된 것 같았지만 그때 시각이 4시였답니다.

음. 가위에 눌리게 되면 자신은 잠들지 않은 상태 같지만 의식의 반 정도는 꿈속에 있는 상태라 현실에서보다 더욱 무방비해져서 공포감도 배가 됩니다.

천주교 집안이시라니. 어머님이 현명하게 대처하셨네요. 집안에 좋지 않은 기운이 들어오려고 하는 것이 님의 꿈에 선몽으로 나타난 것 같습니다. 대체적으로 신앙심이 깊거나 영이 맑은 사람들이 선몽을 꾼다고 하니 이 점에 대해서는 너무 걱정 마시고요. 님에게 찾아오려다가 잘못 갔다는 생각이 드신다면 성당에서 쓰는 묵주에 성수를 묻혀서 몸에 지니고 계십시요. 의지가 될 듯합니다.

그리고 언니 분께서 시간 관념이 없으셨던 것은 현실이 아닌 그리고 무방비 상태에서 겪은 일이라서 그럴 것입니다.

사람은 잠을 잘 때에 모든 기운이 열려 이를테면 모든 것을 받아들이게 되어 있습니다. 수면하는 동안 릴렉스(Relax: 긴장이 완화되고 편안하여 우뇌 활동이 가장 활발한 상태를 말합니다. 보통 사람이 가수면 상태에 있을 때가 이러한 상태이지요)한 상태이기 때문에 밤 시간 동안 기운을 받아들이고, 낮에 그 기운이 에너지가 되어 사람이 활동을 하는 것이지요. 그런 무방비 상태였기 때문에 시간 관념은 없었을 것이라고 판단됩니다.

친구 몸 위의 혼령

친구와 함께 잠을 잤습니다. 솔직히 꿈인지 현실인지 분간이 안 가지만, 화장실을 다녀오는데 침대에 저 같은 모습의 친구가 두 명이나 누워 있었습니다.

그것도 한 명은 여자의 모습으로. 그 여자가 눈도 뜨지 않은 채 다리를 들어서 저를 위협하며 오지 말라고 저리 가라고 하는 거예요.

저는 피곤했기 때문에 아랑곳하지 않고 누웠습니다.

그랬더니 그 여자는 일어나서 절 죽일 듯 노려보더군요. 마치 자신의 자리를 빼앗았다는 듯이. 저는 왠지 모를 짜증에 그 여자를 밀면서 다른  곳으로 가라고 했습니다. 그랬더니 그 여자가 갑자기 제 친구 몸에 확 달라붙는 거예요. 몸은 반쯤 흡수된 것 같이 달라붙어서 저를 노려보는 겁니다.

저는 몸을 돌려서 자려고 하는데 침대 밑에

서 밥팅이가(친구가 키우는 개이름) 침대로 올라올까 말까, 뛸까 말까 망설이는 게 보였죠. 전 제 발 때문에 못 올라오나 싶어 다리를 치워줬더니 올라오더군요.

그 후에 친구가 잠에서 깨더니 가위에 눌렸는데 누가 자기 이마를 살짝 만지면서 자기에게 속삭이며 만졌다는 것입니다. 친구는 그게 저인 줄 알고 잠결에 눈을 떴는데 저는 등을 돌리고 자더랍니다. 방금까지 자기를 만진 줄 알았던 제가 말이죠.

친구가 몸을 일으키려고 하는데 아무리 애를 써도 움직여지지가 않았고 바로 코앞에 한 여자 하나가 자신을 응시하고 있더랍니다. 발 아래에는 밥팅이가 앉아 있는 것이 보이고요.

참고로 친구는 몸에 무언가가 들어오는 느낌을 자신의 집에서 여러 번 경험했었다고 합니다.

친구 분과 이야기를 나누시고는 소름 끼쳤겠어요.

사람이 수면 상태에서 가위가 눌리는 이유는 그때가 가장 긴장이 풀어진 상태이고 자기 몸을 보호하는 기능조차 쉬는 상태이기 때문이지요. 그렇기 때문에 스쳐가는 영을 느끼기도 하고 그 영 때문에 가위에 눌리기도 해요.

몸이 약한 사람이 헛것을 본다고 하는 이치도 이와 같죠. 몸이 약하다는 것은 그만큼 자신의 몸을 보호하는 기가 떨어진다는 것이니까요.

님이 친구 분 역시 수면 상태에서 그런 것을 느낀 건데, 아마 멍멍이와 님이 안 계셨더라면 더욱 고약스런 가위에 눌렸을 수도 있습니다. 님이 보시게 된 경위까지는 자세히 알 수 없으나 아마도 님이 자는 중에 음기를 느끼고 그것이 꿈에 영향을 미친 것 같아요. 아니면 그 친구 분 집안에 머무는 지박령 같은 것일 수도 있습니다. 그렇다면 그 자리에서 자는 사람은 잠자리가 불편할 수밖에 없는 것이고요.

친구 분께 꿈속에서라도 누군가가 몸에 들어오려고 하면 강하게 거부의 표시를 하라고 해주세요. 여하튼 님께 별일이 없어서 다행이고 강아지도 예뻐해 주세요. 강아지는 사람보다 다리 영을 잘 느끼고 주인을 보호하려는 본능이 있으니까 잘 때 데리고 자면 도움이 될 것입니다.

분노에 관하여

제가 원래 욱하는 성질이 있긴 하지만 경상도 기질이거니, 할 정도일 뿐 심각한 건 아니었답니다. 그런데 최근 1, 2개월 전부터 아주 작은 일이라도 한 번 화가 나기 시작하면 화라기보다는 분노라고 불러야 할 만큼 울분이 일어납니다. 물론 대상은 남편이지요.

첨에는 내가 몸이 안 좋거나 예민해져서 그런가보다 하고 생각했는데 그 분노라는 것의 정도가 거의 살기를 느낄 만큼 온몸을 파르르 떨며 격분합니다. 저도 제가 무서울 정도입니다.

아무것도 눈에 뵈지 않고 단지 그 순간은 너무 화가 나서 미칠 지경이다가 한 20분쯤 뒤면 내가 왜 그랬지, 하고 의아해한답니다.

남편한테 미안하기도 하구요.

결혼하고 2년 간 시댁에서 살다가 올 3월에 분가를 했는데 단둘이 신혼 분위기로 오붓하게 지내야 함에도 불구하고 말입니다. 우린 항상 사이가 좋고 평소에는 서로에게 정말정말 잘 해준답니다.

그러다가(이게 좀 이상한 부분) 남편이 작은 실수를 하나 합니다. 예를

들어 젖은 타월은 빨래 바구니에 넣지
말아달라고 하는 것들이지요. 그런데
꼭 남편은 같은 실수를 알면서도 반복
합니다. 자신도 내가 부탁한 이유를 알
고 동감했는데도 약속을 지키지 못하
는 거죠.

그러면 위에 설명한 일들이 반복됩
니다.

들은 이야기인데 어느 집에 이사를 잘못 가거나 터를 잘못 잡으면 시
기하는 어떤 힘에 의해 서로 아무것도 아닌 일에 싸우거나, 심지어는 칼
부림까지도 났다더군요..

막을 수 있는 방법도 있다던데 혹시 아시면 좀 알려주시겠어요? 부탁
드립니다.

물론 저의 성격 때문이거나 일시적인 현상일 수도 있겠지만 말입니

다. 전에는 이런 일이 없다가 이 집에 오고 나서부터 이런 일이 생기니
영적인 일로 의심을 하게 됩니다.

제 분노를 저도 견디기 힘든데 우리 남편은 오죽할까요. 착한 사람
인데.

터의 기운에 의해 순간 자신이 아닌 모습을 띨 때가 있습니다. 그 순간
은 자신의 몸과 마음이 조절이 되지 않는 것이지요.

방법을 하나 알려드리자면 우선은 집안의 기운을 좀 죽이기 위해서
냄비 안에다가 말린 쑥, 고춧가루, 소금(양은 일반 컵으로 반 컵 정도면 됩
니다)을 넣고 팔팔 끓여 집안에 그 향이 스미게 하고 그 김을 미선 님의
몸에 쏘이세요.

그 다음 칼끝에다 그 물을 묻혀서 집안 구석구석에 뿌리시면 됩니다.
그리고 남은 물은 집안 현관에 뿌리시고 침을 세 번 뱉은 뒤 들어오세요
(한 후에는 물로 청소를 하셔도 된답니다).

방법이 좀 그렇기는 하지만 집안의 잡신을 쫓을 때 하는 방법이니 한
번 해보세요.

아!! 그리고 언제 절에 가서서 작은 돌멩이 세 개를 주워다가 님의 베

개 속에 넣어놓으면 잠자리도 조금은 편해지실 거예요.

미선님 그리고 무엇보다 중요한 건 자신의 마음가짐인 거 아시죠? 미선 님의 마음과 몸은 누가 뭐라 해도 미선 님의 것이니 스스로 자신의 화를 다스리도록 노력해 보세요.

정신 건강에는 아로마 테라핀 요법도 좋답니다.

마음가짐을 편안하게 하시구요. 요즘 아로마 요법에 쓰이는 용품들은 백화점에 가도 손쉽게 구할 수 있으니 한번 해보세요. 아로마 초나 향에 용도에 맞는 설명이 나와 있으니 본인과 맞는 향을 골라보시는 것도 좋을 듯하네요.

그리고 말이란 게 좋은 말도 자주 하면 짜증나는 법이잖아요. 포스트잇 하나를 준비하셔서 남편 분이 다니는 길목이나 자주 사용하는 냉장고 문 같은 곳에 미선 님이 남편 분께 당부하고 싶은 이야기를 적어 붙여 놓으세요.

남편 분이 깜빡 잊었다가도 기억할 수 있도록. 남편 분도 미선 님 마음 아시고 차차 고쳐나가실 거예요.

벽조목

아는 분이 불교용품 제조, 판매하는 회사에 다니는 관계로 염주나 목걸이, 인형(동자승) 등등을 꽤 갖게 되었습니다(하나씩 선물로 받다보니).

그중에 목걸이에 관한 이야기인데요. 거북이 모양으로 깎은 나무장식 목걸이거든요. 그분 말로는 벽조목(벼락 맞은 대추나무)라 해서 아주 좋은 거라고 하니 별 생각 없이 차고 다니기 시작했습니다.

그런데 그걸 목에 건 이후로 뒷머리(목부터 뒤통수 전체)가 꼭 돌덩이가 든 것처럼 무겁고, 흔히 뒷골이 당긴다고 하죠? 갑자기 찌릿하며 아픈 게 많아졌습니다. 한 번 그렇게 저릿하고 아프면 한참. 한두 시간씩 너무 아파서 잠도 못 잘 지경입니다.

그러다 하루는 꿈을 꿨습니다. 그 목걸이는 원래 목에 딱 맞게(늘어뜨리는 스타일이 아니라) 하는 디자인인데 목걸이가 엄청 늘어나 있는 거예요. 그래서 이걸 어떻게 하고 다니나 걱정을 하는 찰나에 스님 두 분이 나왔어요.

그러더니 목걸이를 꼬아서 반으로 길이를 줄여 하면 되지 않느냐고

하더군요. 아! 왜 그 생각을 못했을까 하며 스님들이 시키는 대로 한 순간에 갑자기 목걸이가 목을 심하게 조이며 무척 고통스러웠습니다.

한참을 버둥거리다 겨우 잠에서 깨서 다음 날 회사에서 그 이야기를 하는데, 아르바이트로 이틀 나오기로 한 어떤 여자 분이 그 목걸이 안 할 거면 달라고 해서 그냥 줘버렸습니다.

그분께도 이상한 일이 있진 않을까요? 왜 그런 일이 일어났을까요? 너무 무섭습니다.

답변 부탁 드릴게요. 좋은 하루 되세요.

물건에도 혼이 깃든답니다. 인사동에서 파는 오래된 물건들 중에도 심심치 않게 영을 볼 수 있다고 합니다. 그래서 무녀들은 인사동에 가는 것을 영들이 붙어올까 봐서 꺼려하고요. 또 반대로 그러한 기운들 때문에 점을 보거나 사주풀이를 하는 사람들이 유달리 모여들기도 하지요.

님이 지닌 목걸이를 만든 나무가 오래된 나무였다면 그 역시 가능한 일입니다. 만일 목걸이를 받은 분도 같은 증세가 일어난다고 하면 버리지 말고 가까운 절에 가서 스님께 사정 이야기를 하고 맡기라고 하세요.

아니면 부처님 계신 단상에 올려놓고 합장을 하고 오셔도 되고요. 그리고 참고로 드리는 말씀인데 종교에서 사용되는 물건은 함부로 집에 들이는 것이 아닙니다. 서로 맞지 않는 경우 사람의 기가 상할 수도 있으니 자주 가시는 절에 기증하세요.

이상한 것이 보여서요

잠들기 전에 꼭 세수하는 버릇이 있는데 요즘 세수를 하고 얼굴을 들어 거울을 보고 있으면 제 얼굴 표정과 거울에 비친 표정이 다를 때가 많아요.

한 번은 거울 속에 제가 코피를 흘리고 있어서 얼른 닦아냈는데 제 손엔 아무것도 묻어나는 게 없더라고요. 그리고 요즘은 쇠를 만지는 것도 아닌데 유달리 손에서 피비린내가 많이 납니다.

물론 샤워할 때도 마찬가지구요. 아파트 점검을 한 지 얼마 안 돼 녹슨 파이프나 그런 이유는 아닌 듯한데.

이런 비슷한 사례가 있으면 좀 설명 좀 부탁드리겠습니다.

　스님들이나 샤먼들의 이야기를 들어보면 이곳에는 사람들만 사는 것은 아니라 하고 저 역시 어느 정도는 그 이야기를 믿고 있습니다.

　집안이나 아니면 곁에 본인 말고, 사람 말고 또 다른 존재가 있다면 어떻게 하시겠어요? 꼭 그렇다는 이야기는 아닙니다.

　태영 님 집안 곳곳에 소금 그릇을 놓아두고요. 거울 위쪽에다가 투명 테이프 안에 팥을 몇 알 붙여두세요.

　귀신들이 거울에 안 비친다고 흔히들 말하지만, 영들 역시 다른 사람을 통해 거울을 보며 예뻐 보이기를 원하기도 하고 자신이 원하는 무서운 모습을 보여주어 겁을 주곤 합니다. 물론 자신의 얼굴을 보여주기도 하지만 보통 거울을 보는 사람의 얼굴에 자신의 모습을 덧씌워 보여주기도 하지요.

　거울을 통한 사례는 많으니 너무 심려치 마시고 또 이러한 일이 생긴다면 제가 샤먼들을 통해 정식으로 알아봐 드리겠습니다.

잇따른 악재에 경악을 금치 못하겠습니다

신애 님 안녕하세요. 늘 도움 주셔서 감사합니다.

올해 들어서 집안에 계속되는 악재 때문에 글 올립니다. 올해 초엔 엄마가 이유도 알 수 없는 하혈을 계속 하시는 바람에 병원 신세를 지셨고, 그담엔 외할머니께서 갑자기 폐암 말기 진단을 받으시곤 돌아가시고, 그 다음엔 느닷없이 작은오빠가 자전거를 타고 가다가 넘어져서 팔뼈가 부러지는 바람에 큰 수술을 받았고 또 외할머니 초상 치르러 가는 길에 큰오빠 차에 시동을 끄고 있는 사이에 트럭이 들이받아서 차 문짝이며 범퍼가 나가서 수리하는 사고가 있었습니다. 오늘 아침엔 급기야 아빠가 교통사고를 당하셔서 병원에 입원해 계십니다.

저희 가족 모두 돌아가면서 안 좋은 일이 벌어지는데 아직 아무 일도 일어나지 않은 저는 어떻게 해야 할지 겁이 납니다.

우연이라고 하기엔 너무 지나친 사고들입니다. 도대체 어떻게 대처해 나가야 할지 난감합니다. 신애 님 꼭꼭 좀 도와주세요.

무슨 말로 어떻게 위로를 드려야 할지. 이런 모든 일이 일어나기 전에 집안에 누군가가 특별한 행동을 한 적은 없는지 알아보세요.

예를 든다면 묘를 이장했다든가, 오래된 나무를 건드렸다든가(이러한 경우 님의 친인척이 했더라도 자손들까지 피해가 온답니다).

늘 어떠한 일이 일어나기 전에는 시초라는 것이 있기 마련입니다. 집안에 근래에 있었던 특별한 일이나 (위에 말한) 친인척 행사를 알아 보세요.

위와 같은 이유가 아니라면 가족 간에 삼재에 든 띠가 있을 수도 있습니다. 흔히들 삼재 풀이를 잘못 하면 사람이 죽어 나간다는 말이 있습니다. 어머니나 어른들께 올해 삼재에 든 가족이 있냐고 여쭤보면 아실 거예요. 만일 삼재라면 삼재 풀이를 하면 되니까 크게 걱정하진 마세요.

*** 삼재풀이 하는법** (입춘이나 정월대보름날에 삼재 든 사람)
생난에는 예:갑자 생이면 갑자 생이라고 쓰고 성명을 기재한 다음 상단불공과 신중기도를 한 후에 식상을 차려놓고 삼재든 사람의 속옷 한 벌과 공양미 3되 3홉 이상, 촛불과 향을 피우고 삼재 경을 읽되 대중이 함께할 때는 21번을 읽고 단독으로 할 때는 3번이나 7번을 읽은 후에 봉투 안에 든 경과 부적 그리고 헌옷을 불살라 버린다. 삼재 든 사람은 삼재부적과 함께 진택 편안부를 함께 소지하면 삼재로 인한 재앙이 사라지고 복이 굴러 들어온다고 한다.

'아기 귀신'과 '기가 세다'의 의미

　　지금 미 동부 뉴저지에 살고 있는 재미교포 여성입니다. 저는 아기 때부터 기가 세다라는 말을 많이 듣고 자랐습니다. 제가 제 남동생 기를 죽인다고 할머니, 고모들께서 항상 말씀하셨지요. 기 좀 죽이라고.

　　제 남동생은 우리 집안의 하나밖에 없는 장손입니다. 어렸던 제가 뭘 알겠습니까?

　　그냥 어른들께서 저만 보면 기 좀 죽이라고 말씀하시니까 기 소리만 나와도 짜증이 났지요.

　　제가 미국으로 이민을 오던 그날, 우리 큰고모께서 제게 반지 하나를 주시며 창희(남동생 이름입니다) 기죽이지 말고 잘 지내라고 말씀을 하셨지요. 도대체 기가 센 게 무슨 죄인가요?

　　전 말띠에 게다가 음력 4월 초하루 생입니다. 어른들께서 초하루 생은 팔자가 사납다고 합니다.

　　우리 작은고모께서 신이 내려서 무당을 하고 계시는데, 작은고모께서 그러시는데 원래 우리 할머니께서 무당을 하셨어야 되는 건데 안 하셔서 집안 사람들이 뿔뿔이 흩어져 외롭게 사는 거래요. 믿거나 말거나이지만요.

지금은 제 남자친구가 미국에 와서 공부하는 사람인데요. 작은고모 말씀이 제가 잘해야 제 남자친구가 잘 된다나요. 저 하기 나름이래요. 제 기가 오빠 기보다 더 세다고요.

기가 세서 좋은 건 악몽을 거의 꾸지 않습니다.

제가 딱 한 번 가위에 눌린 적이 있는데 그게 작년 9월쯤이었을 거예요(제가 미군에 있을 때였는데 9군 복무를 했었습니다). 제대를 얼마 앞두고 왼손 약지 손가락을 잃었거든요.

심신으로 참 불안정했던 때인데, 그때 태어나 첨으로 가위라는 거에 눌렸어요.

제가 지낸 방은 2인 1실인 방인데, 전 룸메이트가 없어 혼자 방을 쓰고 있었습니다. 제 침대는 창문가에 있었는데 블라인드를 올리면 가로 등이 환하게 비쳤습니다. 그날은 제가 손 수술을 받은 지 얼마 되지 않아 많이 아프고 힘들어 약 기운이 센 큰 진통제를 먹고 잠자리를 청했거든요.

창문을 향해 자고 있는데 느낌이 이상해서 잠을 깼습니다. 어린아이가 제 침대 위에서 콩콩하고 뛰는 느낌. 정말 무섭고 아찔한 순간이었습니다.

제 방에는 그 누구도 들어올 수 없는 상황이었습니다. 2인실이라도 혼

자 방을 쓰는 처지였으니까요.

태어나 그런 느낌은 처음이었습니다. 방 안은 캄캄하고 웬일인지 창문을 향해 항상 비치던 가로등 불빛도 안 보이고. 너무 무서워 콩콩거리는 쪽을 바라볼 수도 없었고, 몸도 안 움직여지는 겁니다.

정말 다시 생각하고 싶지도 않습니다. 그 다음 날 전 무서웠던 전날 밤의 일을 제 동료들에게 이야기를 했는데 오히려 더 무서운 이야기를 들었었습니다.

제 상사 두 명이 우리 막사에서 귀신을 봤다는 겁니다. 하얗고 발이 붕 떠 있는 귀신을 말입니다. 하루는 제 상사 한 분이 방에서 텔레비전을 보다가 다른 상사 한 분과 영화를 보러 가기 위해 방을 나왔다고 합니다. 물론 텔레비전도 끄고 말이죠.

영화를 보고 방으로 돌아온 그 상사는 켜져 있는 텔레비전을 보고 당황했다고 합니다. 그 상사의 친구가 다음 날 하는 말이 어떤 하얀 물체가 그 상사 방에 들어가는 걸 봤다고 하는 군요.

그럼 제가 느낀 그것. 정말 어린아이가 제 침대 위에서 콩콩 뛰었을까요?

퇴치법을 부탁드립니다.

우선은 기가 세다는 말은 상황에 따라 다르게 사용되는데 님 같은 경우에는 영을 느끼거나 보는, 또는 의미 있는 꿈을 잘 꾸는 쪽으로 타고난 것 같습니다.

이런 사람을 보고 어른들은 흔히들 남자가 치이겠다는 말을 쓰곤 하죠. 끼가 있거나 예능을 하는 친구들도 많이 듣는 이야기니 신경 쓰지 마세요. 문제는 이런 사람 주변으로 영들이 꼬일 수 있다는 것인데요.

절에서 쓰는 향을 피워두셔도 좋구요. 향 6개를 부러뜨려 굵은 소금과 고춧가루와 함께 섞은 후 종이컵이나 그릇 같은 곳에 담아 방 곳곳에 놓아두세요.

잠자리에 들 때는 침대 주위에 빙 둘러놓으시구요.

영이 근접하지 못하게 하는 방법입니다.

침대 밑의 귀신

안녕하세요. 이신애 님.

제가 남을 죽이는 꿈을 자주 꾸네요. 첫 번째 꿈은 저랑 아주 친한 친구 놈의 배를 칼로 찌르고 구석에 두고 나왔어요. 꿈인데도 무척 제가 누구에게 들킬까 봐 무척이나 불안해했던 것 같아요.

두 번째 꿈은 어느 빌라 같은 곳인데, 이번에 잘 모르는 사람들과 잘 놀다가 그 사람을 죽이고 그 방바닥을 들어 시체를 그 밑에 감춰놓았어요. 그리고 다른 사람을 죽여서 그 전에 묻은 사람 옆에 나란히 묻어두었습니다. 꿈이지만 시체 썩는 냄새라도 날까 봐 걱정을 많이 했습니다.

세 번째는 얼마 전에 우리 강아지가 새끼를 낳았는데 꿈속에서 그 강아지를 죽여서 예전에 죽인 시체 위에 나무판자를 놓고 그 위에 죽은 강아지를 놓고 다시 묻었어요.

이런 꿈을 꾼 후에 아주 이상한 일이 생겼습니다.

제 강아지가 새끼를 낳았다고 했죠. 제가 저랑 친한 친구를 죽인 그 꿈을 꾼 다음 날 강아지 한 마리가 장식용 문에 치어 죽었어요. 무척이나 건강하던 놈이었는데.

그리고 제가 사람 둘을 죽여서 묻어둔 그 꿈을 꾼 다음 날, 또 다른 강아지 한 마리가 3미터 높이 되는 난간에서 떨어졌답니다. 그리고 다른 강아지 한 마리가 아직 눈도 안 떴는데 눈에서 마구마구 고름이 나오는 겁니다. 꿈에서의 나쁜 일이 현실로 이어진 것이지요.

전 귀신도 자주 봅니다.

1995년 여름에 처음으로 우리 집에서 귀신을 본 후로는 귀신을 자주 보는 편입니다. 귀신한테 홀린 적도 있습니다.

참고로 저는 아주 신체 건강하고 정신적으로도 건강한 남아인데 군대 있을 때 한밤에 귀신한테 홀려서 근무지에서 200미터 정도 떨어진 곳까지 아무 정신없이 따라간 적도 있어요.

작년 여름까지만 해도 침대 밑에 중고등학생처럼 보이는 여자와 거의 붙어 지냈어요. 믿을지 모르겠지만.

운전을 하다 보면 앞 차 트렁크에 어느 아저씨가 질질 끌려 다니는 것도 보고요.

이상한 놈이 된 기분이 드네요. 저 꿈 풀이 좀 부탁 드릴게요. 참고로 전 불교입니다.

112

흠. 남에게 꿈속에서 좋지 않은 일을 하셨는데 그건 현실에선 님에게 또는 집안에 좋지 않은 일을 예고하는 예지몽일 수 있습니다.

옛말에 소나 개는 주인을 대신 해서 간다는 말도 있는데 강아지가 액땜을 한 것 같네요. 앞으로도 그런 꿈을 꾸시면 소금을 님의 머리 위에서 아래로 뿌린 다음 씻으세요. 나쁜 기운을 덜어 내주는 것이고요. 님과 같이 영을 자주 접하는 분들이 간혹 있기는 한데 영들과 붙어 지내는 것은 매우 위험한 일입니다.

님은 신을 받은 박수나 무당이 아니기에 님의 건강이나 집안에 우환이 생길 수 있으니 또 그런 일이 생기면 신을 받은 샤먼에게 이야기를 해 보는 것이 좋을 듯합니다.

강아지 치료 잘 해주시고요.

불교용품 파는 곳에 가면 오색 천을 팔거든요. 오색 천을 작게 잘라서 복숭아나무 가지에 매어 방 안 문 위와 님의 잠자리 위쪽에 놓아두세요.

귀신이 집으로

제가 어릴 적에 잊지 못할 일을 말씀드리려고 합니다.

어느 날 밤이었습니다. 저희 집이 지금은 그런 대로 살지만 예전에는 세를 들어 살았어요. 그때 살던 집의 화장실이 재래식이라서 그 화장실에 못 갔던 걸로 기억합니다.

그런데 갑자기 밤에 소변이 마려워서 엄마와 함께 밖에 나갔어요.

그리고 볼일을 보는데, 그 바로 앞이 문이거든요. 그 문이 창살로 되어 있어서 밖이 다 보였답니다.

앞에는 진짜 새하얀 소복에다가 머리는 땅까지 닿을 정도로 길고 전형적인 처녀 귀신의 모습인 여자가 서 있었습니다. 얼굴은 지금 생각으론 가물가물하지만 인형 같았어요. 예쁘다고 생각할 정도로.

그 귀신이 계속 저를 쳐다보는 바람에 무섭기만 했습니다. 얼굴 표정은 인형처럼 전혀 변하지 않은 상태에서 눈만은 저를 응시하고 있었어요.

그 여자는 우리 집 앞에 있는 것이 아니라 옆집 바로 앞에 서 있었거든요. 옆집이라고 하면 좀 멀 것 같다고 생각하시는 분들 많으실 텐데. 벽 하나만 놓여 있고 바로 옆집이랍니다.

그 옆집에는 무엇이든 움직이는 것을 보면 죽이려고 달려드는 개 한 마리가 있었는데요. 어른들이 종종 "아무도 없는데 검둥이가 왜 이렇게 짖어대냐?" 하고 말씀하셨던 게 기억나요.

너무 무서워서 얼른 집으로 들어가 안도의 한숨을 쉬는데 갑자기 여럿의 귀신들이 줄줄이 우리 집으로 들어오는 거예요

그런데 식구들은 아무도 못 보고 저만 무서워서 죽는 줄 알았죠. 그래서 엄마 품에 안겨서 이불 속에 얼굴을 파묻어 버렸어요. 그러니까 엄마는 내가 어리광부리는 줄 알고 웃고……

진짜 그때 생각하면 끔찍합니다.

아마 그때는 어렸을 때니까 겁도 없고 아는 것도 없으니까 그렇게 했지, 아마 지금이면 기절하기 직전이었을 겁니다

그것들이 기억은 잘 안 나지만 건넛방으로 갔던 것 같아요. 말하면서도 소름이 돋아요 정말.

이 말을 가끔 하면 엄마가 웃으면서 꿈 꿨겠지? 헛것을 봤겠지 그러시는데 정말 꿈은 아니었답니다. 볼을 여러 번 꼬집어봤지만 사실이었습니다.

그때는 그냥 넘겼는데 지금 생각나서 이렇게 글로 씁니다.

그런데 신애 언니 진짜 궁금한데 이것들은 무엇이었을까요?

흠. 미스터리 신애 언니! 이 경험담의 미스터리를 풀어주세요

님이 살던 집터는 영들이 지나가는 길목이었던 것 같습니다.

간혹 일본에서는 그런 전례가 있어서 애니메이션 이야깃거리로 쓰기도 하곤 해요.

어느 특정한 날 영들이 한 줄로 어디론가 가는 것이죠. 이승에서 맴돌다가 저승으로 가는 길일 수도 있구요.

어린아이는 순수하다고 하잖아요. 어린 지희 님의 맑은 눈에 그 영들이 비춰졌던 것 같습니다.

흔히들 개는 영을 보고 느낀다고 하죠. 그래서 님의 집에 살던 검둥이도 짖었던 것 같습니다.

지금은 그런 일이 없다니 다행이고요.

지희 님 어린 나이에 울지도 않고 잘 견뎠네요. 늘 건강하시고 궁금증이 풀렸으면 합니다.

한밤중 방안에서

그날은 부모님이 부부 동반 모임으로 모두 외출을 하신 날이었습니다.

전 안방에서 토요명화를 보고 있었고요. 방 안의 불을 끈 채 구석 벽에 기대어 영화를 보고 있었습니다. 한 30분쯤 영화를 보았을 때 텔레비전 불빛에 비춰지는 방바닥에 뭐가 기이다니는 것을 알았습니다.

방이 직사각형인데 제가 한 곳을 차지하고 앉았으니 나머지 세 각을 빨빨거리며 기어다니는 무엇. 너무 무서웠습니다.

아무도 없는 방이었고 저희 집은 강아지도 기르지 않는데 그게 무엇일지 궁금했습니다.

조심스레 벽으로 다가가 형광등을 키자 순간 멈칫.

60센티 정도 되는 네 발 달린 짐승이 우뚝 멈췄습니다.

그리고 잠시 침묵.

그게 갑자기 고개를 홱 돌리는데 그 얼굴은 다름 아닌 저였습니다.

전 그대로 실신하고 말았죠.

짐승의 몸 위에 붙은 자신의 얼굴을 본다는 건 정말이지 끔찍했습니다.

늦은 밤 부모님이 돌아오셔서 절 깨웠고(제가 잠든 거라고 생각하신 모양이에요) 전 제방으로 돌아가 잠을 청했습니다.

물론 무서워서 거의 못 잤지요.

다음 날 아침 엄마가 저에게 짜증을 내시더군요.

"김지연! 너! 잠 안 자고 안방은 왜 그렇게 빨빨거리고 기어다녀? 엄마 한숨도 못 잤잖아."

휴, 이걸 뭐라고 해야 할지.

118

  우선은 님의 얼굴은 한 영이라면 님의 몸 안에 기운부터 보호하는 것이 좋을 듯합니다. 자신의 몸 안에 기가 허해졌을 때 간혹 장난을 치는 영이 있다고는 들었지만 실제로 경험담을 들으니 아찔하네요.

  방어주술(A Spell of Protection)을 써보세요.

  어떤 불이든(촛불이든 모닥불이든) 피워놓고 그 앞에 앉거나 서서 촛불의 중심을 바라보며 불이 당신의 몸을 휩싸는 것을 상상해 실제로 눈에 보이는 상태까지 유도해야 한답니다. 불이 느껴지면 다음의 주문을 외워야 하는데 이 주문의 경우에는 단어 하나까지 정확히 외울 필요는 없으며 주문과 자신이 하나 되듯 흐름을 잘 타야 해요.

  '불 안에 계신 당신이여. 마력의 힘을 일으키소서, 타오르게 하소서. 불꽃을 타오르게 하여 지금 이곳을 채우소서. 어떤 것도 비천한 이 몸을 해치지 못하며 어떤 것도 비천한 이 몸을 두렵게 할 수 없으며 어떤 것도 비천한 이 몸을 지나갈 수 없나이다.'

붉은 달

제 눈에 이상하리 만치 달이 핏빛으로 보일 때가 있었습니다.

그런 날이면 어김없이 길가의 가로수에 한 여자가 목을 매고 혀를 길게 뺀 채 저를 응시하고 있었지요. 그리고 그 여자를 지나쳐도 이상한 일은 계속되었습니다.

멀쩡히 길 가던 사람이 칼을 들고 달려들지를 않나, 슈퍼에서 장을 봐 오던 아줌마가 갑자기 장바구니를 제게 던지며 욕설을 해대질 않나 이렇듯 이상한 일이 태반이었습니다.

전 집이 천안이라 서울에서 자취를 하기 때문에(학교 때문에) 그곳에는 아는 사람도 없는데 참 별스러운 경험을 하곤 했습니다. 특이한 점은 그 사람들 모두가 저를 모르는데 하는 말은 다 같다는 것이죠.

"니년…… 니년의 대를 끊어버릴 거야. 용서 못해!"

무슨 말인지 알 길은 없고 무서울 따름이었습니다. 어린 마음에 어찌나 무서웠던지 집으로 가는 길에는 늘 뜀박질이었습니다.

그날 역시 학교를 마치고 집으로 가려고 하는데 달빛이 붉었습니다.

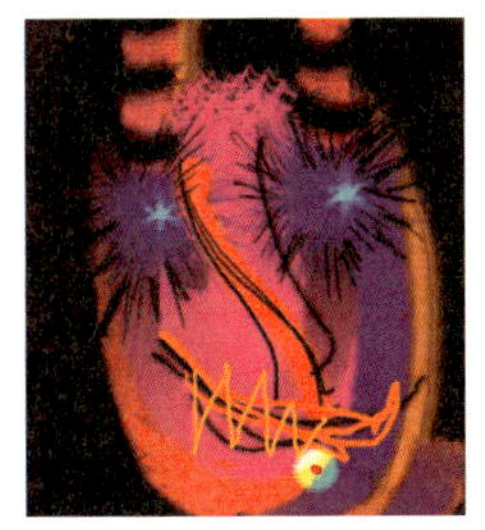

전 덜컥 겁을 먹고는 제 방으로 막 뛰어 올라갔지요.

제가 사는 집은 옥탑방입니다.

그날은 다행히도 친구들과 시험공부 같이 하기로 한 날이라 친구들이 오기로 했었습니다. 방으로 뛰어 들어가 문을 잠그고 있는데 똑똑 문 두드리는 소리가 들리더군요. 옥탑방까지는 철계단으로 되어 있어서 발자국 소리가 크게 들릴 텐데 그날은 아무 소리도 들리지 않았습니다.

"누구세요?" 제가 물으니 "우리야~" 하는 소리가 들리더군요.

친구의 목소리였습니다. 안도의 한숨을 내쉬고 문을 열었는데 거의 매일 밤 저를 괴롭히던 그 여자가 혀를 주욱 뺀 채 이상한 자세로 서 있었습니다.

사람이 너무 두려우면 아무 말도 안 나온다는 사실을 아시는지요?

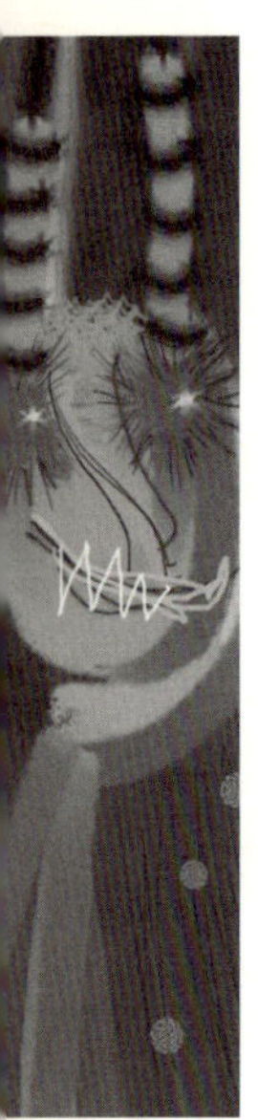

전 비명조차 지르지 못하고 서 있는데 그 여자 아주 기형적인 자세로 제 앞에 무언가를 던져놓았습니다. 그건 탯줄도 잘리지 않은 핏덩이 아기였습니다. 그러고는 기억이 나지를 않아요. 눈을 떠보니 전 문 앞에 기절해 있고 친구들이 저를 지키고 있었습니다.

전 기말고사 시험도 포기하고 그날 밤 기차를 타고 천안 집으로 갔습니다. 그리고는 그간 제가 겪은 일을 말씀드렸습니다. 할머니는 그 이야기를 듣고는 눈물을 흘리시더군요.

그 여자는 할아버지의 부인이었는데, 대학에 다니셨던 할아버지는 고향에서 같이 자란 그분과 결혼을 한 터라 말도 잘 안 통하는 그분보다 같이 대학을 다니고 집안도 괜찮은 제 할머니를 만나 마음이 흔들리셨던 거죠. 그래서 고향으로 돌아가 그 여자를 내쫓았는데 그 여자가 저희 집안 선산 나무에서 목을 매달았대요. 복중에는 아기도 있었는데……

유서에는 복중에 태아가 있으니 선산에 묻고 제사라도 지내달라고 했다더군요. 그런데 그냥 야산에 묘비도 없이 묻어버렸대요.

야산에 묻은 그날 밤 할머니랑 할아버지 꿈에 그 여자가 나타나서는 끝까지 따라다닐 거라고…… 할머니의 자손들까지 따라다니며 괴롭힐 거라고 했답니다.

아마도 그 자손의 대상이 저였나 봅니다.

신애 님 전 미안한 마음도 들고 영혼을 달래고 싶은데 방법 좀 알려주세요.

좋은 마음씨를 가지셨네요.

보통 이런 경우에는 영혼을 떼는 방법을 알려달라고 하시던데.

우선 지금 학생의 신분으로서는 하시기 힘들 듯하니 어른들의 도움을 받으세요.

무녀를 부른다면 전문적으로 천도제나 길 닦음 굿을 해주면 좋지만 그렇지 않다면 우선 그녀의 무덤 앞에다가 정성 들여 제사 음식을 차리고 아기 옷과 신발 또 마찬가지로 어른 여자 옷과 꽃신(물론 두 벌 다 한복입니나)을 준비한 후에 영혼이 음식을 먹기를 기다렸다가 일정 시간이 지나면 옷과 신발 등을 태워주세요.

이때 할아버지가 태워주시면서 미안하다, 좋은 곳으로 가라 등등의 말을 해주셔야 합니다. 이때 가장 중요한 것은 옷과 신발이 한 조각도 남지 않고 다 탈 때까지 기다려야 한다는 것입니다. 그래야 죽은 이가 온전히 옷을 입고 가는 것이거든요. 그리고 음식은 넉넉히 준비하여 그 야산 무덤가의 귀신들도 함께 먹을 수 있게 차려주시는 것이 좋을 듯합니다.

늘 좋은 일만 생기시길 바랍니다.

토슈즈

안녕하세요.

저는 예고에 다니는 무용과 여학생입니다.

제가 입학한 지 얼마 되지 않았을 때였습니다. 발표를 앞두고 늦게까지 실기 연습을 하고 있는데 수위 아저씨께서 이제 남은 학생이 없다며 문 닫아야 하니 빨리 가라고 하셨습니다.

우리는 모두 다섯 명이었는데 화장실이 가고 싶어서 잠시만 화장실에 들리겠다고 했습니다. 두 명은 화장실 안으로 들어가고 저를 비롯한 세 명은 화장실 문 앞에 서 있었는데 갑자기 복도에서 토슈즈를 신고 걸어오는 소리가 들리는 것이었습니다.

1층의 통로는 하나뿐인데 우리가 거기에 서 있었으니까(화장실 문 앞이 그 통로와 일직선상이죠) 저는 안에서 애들이 장난치는 줄 알고 장난치지 말라고 소리를 버럭 질렀습니다.

그랬더니 안에 있는 애들은 "야! 화장실에서 토 신는 년 봤어?" 하고 대꾸하더군요.

　생각해 보니 그렇습니다. 무용과 탈의실도 아니고 화장실에서 토를 신는 경우는 없습니다.

　순간 무서웠죠. 대강 볼일보고 나오라고 얘기하고 있는데 토슈즈 발걸음 소리가 빨라지더니 화장실 문 앞에서 멈추었습니다.

　그리고는 세면대의 수도꼭지가 돌아가더니 물이 '쏴' 하고 쏟아져 내렸습니다.

　저희는 비명을 질러댔지요.

　그리고 나서 또 보란 듯이 수도꼭지가 잠기고 토 소리가 멀어져 갔습니다.

　우리 학교에는 매년 학생들이 하나씩 자살을 하는데 또 이런 일이 생길까 두렵습니다.

흔히들 예술하는 끼나 작두 타는 끼나 비슷하다는 농담을 합니다.

이건 어디까지나 농담이지만, 예고에는 아무래도 끼 있는 학생들이 모이다 보니 영에 대한 귀도 밝은 것 같습니다.

소리를 들었다는 것만으로 영에 대해 미리부터 너무 겁을 먹을 건 없습니다.

우선은 동쪽으로 난 복숭아나무 가지를 구하셔서(길 가다가 동쪽 방향으로 난 가지를 자르면 되겠지요) 손가락 세 마디 정도의 크기로 잘라 오색 실로 감은 뒤 교복 안주머니에 넣고 다니세요. 그리고 무서운 생각이나, 소리 느낌 등이 날 때 그걸 꺼내어 손에 쥐고 계시면 괜찮을 것입니다. 즐거운 학교 생활 되시기를 바래요.

복숭아 나무, 오색 실: 아래 동양 무속 참조.

126

자전거 뒤에서 들리는 목소리

연세대 법학과에 재학 중인 학생입니다.

저희 집은 전라도 익산에 있는 작은 마을입니다.

2주 전 할아버지 제사 때문에 집에 들르게 되었는데(참고로 전 신촌에서 자취중입니다) 아버지께서 슈퍼에 가서 막걸리 좀 받아오라고 하시더군요.

슈퍼가 제법 멀어 자전거를 타고 슈퍼로 향했습니다.

막걸리를 받으러 슈퍼를 가려면 묘지 하나를 지나야 하는데 어릴 적부터 늘 다니던 길이라 매우 익숙했습니다. 묘지에는 새로 만들었는지 아기 묘만 한 것이 새로 생겼더군요.

막걸리 네 통을 자전거에 짊어지고 열심히 페달을 밟는데 등 뒤에서 갑자기 목소리가 들렸습니다.

"오빠 천천히 가. 나 무서워."

전 얼결에 "응" 하고 대답했는데 순간 뒷목까지 뻣뻣해지는 것이 느껴졌습니다. 제 뒤에 타고 있는 건 사람이 아닌 막걸리인데 물건이 말을

"오빠 천천히 가. 나 무서워."
전 얼결에 "응" 하고 대답했는데 순간 뒷목까지 뻣뻣해지는 것이 느껴졌습니다. 제 뒤에 타고 있는 건 사람이 아닌 걸리인데 물건이 말을 할 리 없기 때문입니다.

할 리 없기 때문입니다. 그렇다고 제가 겁이 많은 놈도 아닙니다.

전 수색대를 제대한 지 얼마 되지 않았습니다. 사지 육신 멀쩡한데…….

제가 이런 생각을 할 사이에 제 어깨에는 다섯 살 정도 여자아이의 손 느낌이 났습니다.

솔직히 무서워서 뒤돌아볼 용기는 안 나고 식은땀이 흐르는데 그 아이가 말을 또 하더군요.

"오빠, 또 나 내려놓고 갈 거지?"

이번에는 손에 더욱 힘을 주는 듯했습니다.

전 자전거에 달린 거울로 뒤를 보는데 제 뒤에는 아무것도 보이지 않았습니다. 미칠 노릇이었죠.

어떻게 하다가 집까지 와서는 전 탈진해서 쓰러졌습니다.

깨어났을 때 더욱 놀라운 일은 평소 같으면 왕복 30분 정도면 될 것을 6시간 정도 걸렸다고 부모님께서 말씀해 주시더군요.

아버지께서는 원래 아이의 묘는 만드는 게 아닌데 아파서 죽은 계집아이 하나 묻고 가더니 그 아이한테 제가 홀렸었나보다고 하셨습니다.

다시 이런 일이 생기지는 않겠지만 그래도 불안한 마음이 드네요. 귀신에게 홀리지 않는 방법 같은 건 없나요?

영에게 홀리지 않는 가장 기본적인 방법은 자신의 정신을 온전히 다스릴 줄 알아야 하는 것입니다. 영에 한 번 홀린 사람이 다시 홀리기가 쉽다고 했습니다.

제가 방법을 두 가지 알려드리자면 혼자서 방어 주술을 하시는 것도 좋구요. 간단히 소금을 가지고 다니는 것도 좋을 듯합니다. 소금 주머니를 가지고 있다가 나쁜 기운이 들 때 그쪽을 향해 뿌리는 것도, 몸에 꼭 지니고 다니시는 것도 좋습니다.

단 몸에 부적을 지니고 있다면 둘 중에 하나는 놓고 다녀야 할 것입니다.

소금은 부적의 기운까지 없애는 역할을 하기 때문입니다.

귀신의 노예가 된 엄마

엄마 이야기입니다.

우리 집은 처음에는 평범한 가정이었습니다. 위로 오빠가 하나 있고 아빠와 엄마 저 이렇게 네 식구지요.

부자는 아니어도 그럭저럭 오순도순 살아왔습니다. 오빠도 공부를 잘 했구요.

3년 전 이맘때 엄마가 옆집 아줌마와 다투고 나더니 어느 무당을 찾아 갔습니다. 그 집을 다녀온 그날 밤 엄마는 초 한 자루를 사오더니 전등불 은 다 끄고는 초를 켜놓고 무슨 주문을 외웠습니다.

그 다음 날 아침 옆집 아줌마가 계단에서 굴러 다리가 부러졌습니다.

며칠 후 엄마는 동네 슈퍼 아줌마와 다툼을 하게 되었습니다. 예전 같 으면 그냥 넘어갈 문제인데 제가 보기에는 일부러 싸움을 크게 만드는 듯 보였습니다.

그날 밤 엄마는 또 초를 켜고 무엇인가 중얼중얼하는데 좋은 소리 같 지는 않았습니다.

그리고 그날 새벽 슈퍼에서 원인 모를 화재가 났습니다. 다행히 늦은 시간이라 사람은 다치지 않았지만 재산 피해를 입었지요.

엄마는 그 후로도 마음에 들지 않는 사람이 있으면 그런 식으로 주문을 외웠고 그때마다 사람이 다쳤습니다.

그런데 가장 큰 문제는 엄마입니다. 어찌된 일인지 이제는 엄마의 목에서 여러 사람의 소리가 나옵니다. 정말 흉내를 내는 소리가 아닌 남자, 할머니 또는 아이의 목소리로.

아버지가 스님을 모시고 오셨었는데 그 스님 말씀으로는 나쁜 마음으로 잡신을 불러들여 나쁜 일을 해서 그 잡신들이 몸에 붙었다고 합니다.

원래 무녀가 아닌 이상 귀신을 부르면 돌려보낼 수 없다구요.

엄마는 스님을 보자마자 "저 눈이 너무 무서워!" 하며 식탁 아래로 기어들어 가셨습니다.

엄마는 그 후로도 종종 초만 보면 혼자 말을 하고는 했습니다.

그 결과 오빠와 저에게 안 좋은 일이 생겼습니다.

오빠는 엄마의 모습이 보기 싫다며 지방 대학으로 갔는데 그곳에서 좋지 않은 여자를 만나 폐인이 다 되었고, 저 역시 집을 나왔다가 하룻밤의 관계로 아이를 가져 낙태 경험이 있습니다.

이젠 확실히 알았습니다. 남에게 나쁜 일을 하면 자신에게도 돌아온다는 것을.

정도가 아닌 사법으로 비술을 하셨군요.

비술의 금기 사항에 이런 내용이 있습니다.

1. 자주 행하지 마라.

비술은 말 그대로 비술이듯, 그것은 기운을 북돋운다 해도 자주 행하면 균형의 기운이 사라지게 된다. 음의 기운이 사라지고 양의 기운만이 충만해지면 그것은 득이 되지 못한다. 그래서 보통 비술들은 시간과 공간의 제약을 받게 되는 것이다.

2. 남에게 해를 주지 마라.

내가 아닌 타인에게 해를 주는 비술은 주술 중에서도 저주술에 해당되며 그것을 펼쳤을 경우 그 결과는 어떻게 해서든 본인에게 되돌아온다고 한다. 그렇기 때문에 저주술 등을 펼치는 법에 대해서는 현재 고비를 넘기거나 액을 준다 해도 본인에게 되돌아온다는 것을 알아야 한다.

어머님께서는 이 두 가지를 다 어기셨네요.

이제 일반인들이 손을 쓸 시기는 놓친 것 같고 비술로 그리 되신 것이니 정신과 치료도 별 효과가 없을 듯합니다. 강신무(강신무는 '신내림을

134

받은 사람'을 말하며 어느 순간 신을 보고 점지하는 법, 예측하는 법. 길흉 등을 신에 의해 전수받은 형태를 말함이 이에 속한다)를 통해 잡스러운 영을 내보내는 수밖에 없을 듯합니다.

죽은 사람의 자리

안녕하세요. 신애 님.

전 전방에서 군 복무를 하고 있는 병장입니다. 다름이 아니라 저의 군대 안에서 일어난 이야기를 해드리겠습니다. 저의 내무반에서 일어났던 일이고 또 일어나고 있는 일입니다.

저의 내무실 한 자리는 유독 벌레가 많이 와서 죽습니다. 우습게도 꼭 그 자리에서만 날파리를 비롯한 모든 벌레가 죽습니다. 그리고 그 자리에만 누워 자면 가위에 눌리구요.

며칠 전이었습니다.

새로 온 후임병 하나를 그곳에 재웠는데(누구도 그 자리에서 자고 싶지 않아 하니까요) 새벽에 끙끙대는 소리가 들렸습니다.

저희는 당연하게 '아! 가위 눌렸구나' 생각하고 내버려뒀는데 그 옆에 놈이 흔들어서 깨워주더라구요.

그 옆에 있는 놈은 엄마가 무녀라고 들었습니다. 그래서 어릴 적부터 귀신을 본다고 하더군요. 다시 다음 날 밤 후임병은 말도 못하고 잠자기

를 두려워하더군요. 원래 군대라는 곳이
시키면 해야 하기 때문에 별 말을 못하
는 듯했습니다.

　저희가 물었습니다. 어떤 가위가 눌렸
나고 그랬더니 말도 못하고 난처해했습
니다.

　그 옆에 놈이 이야기를 해주더군요.

　자신은 잠이 들지 않아서 눈을 뜨고
있었는데 군복을 입은 한 여자가 자기를 보고 씩 웃더니 그 후임병 몸으
로 쏙 들어가더랍니다.

　이 얘기를 들은 후임병 역시 놀라더니 군복을 입은 한 여자가 천장에
서부터 자기를 응시하더니 코앞까지 뚝 떨어지듯이 내려와 자신을 응시
하고 또 그렇게 하고.

　저는 그다지 놀라지 않았습니다. 저 역시 그 자리에서 군복 입은 여자

에게 가위를 눌린 적이 있기 때문입니다.

저희 사이에서 소문이 돌자 소대장님이 저희를 한자리에 모이게 하고 는 이야기를 해주셨습니다. 예전에 여 장교가 그 자리에서 자살을 했다 구요.

지금은 일반 내무실이지만 그땐 여 장교실이었는데 후임병에게 겁탈 을 당해서 자살을 했다는 것입니다. 처음에는 그냥 그 방을 그대로 사 용했었는데 그 방에서 귀신이 나온다는 소문이 있어서 내무실로 만들 었다구요.

이제 상관의 허락 아래 그 한자리는 비워두고 잠을 잡니다.

그런데 신애 님 이렇게 한 곳에 머무르는 영은 무엇이라고 하고 또 왜 그런 건가요?

여 장교가 지박령이 된 듯합니다.

지박령이란, 어찌 보면 하급령으로 이승에서 한을 못 풀어 그 자리에 원한이 남은 영을 말하는데 자신이 묵은 자리를 지키는 영을 말합니다. 자신이 죽은 곳을 떠돌며 간혹 사람을 놀라게 하기도 하고 또 자신이 죽 은 자리에서 다른 산 사람을 끌어들이기도 합니다.

138

예를 들면 물귀신이라는 말, 사람이 물에 빠지면 다시 그 자리에서 익사 사고가 나고 또 교통사고가 자주 나는 자리 같은 곳은 지박령이 있다고 보기도 합니다.

자주 사고가 나는 곳에서 1년에 한 번씩 고사를 지내는 경우는 이런 영혼을 달래서 산 사람을 보호하고자 하는 것이지요,

18세 소년 퇴마사

벌써 8년 전 이야기입니다.

걸스카우트에서 수련회를 갔다가 신비한 경험을 하게 되었습니다. 약속을 했기 때문에 장소를 밝힐 수는 없는 것이 아쉽네요.

우리는 그날 담력 테스트에 참가를 했다가 길을 잃고 말았습니다. 산속에서 어찌나 무섭든지.

다행이라면 그나마 우리 조원 여섯 명이 함께 있어서 위안이 되었다고나 할까.

산을 헤매다가 길에서 남학생을 발견하고는 길을 물어보려 따라 나섰습니다. 그런데 그 남학생은 승복 같은 것을 입고 있었는데 머리는 밀지 않았더군요.

그 남학생은 저희에게 이곳이 어딘지 알고 왔느냐며 호통을 치더니 날이 밝을 때까지 절에서 쉬다 가라며 작은 암자로 데려갔습니다. 신기하게도 분명 우리 눈에 보이지 않던 것이 그 남학생과 함께 있으니 보였습니다. 이런 저런 이야기를 하다 보니 우리보다 2살 위였습니다.

그 작은 암자에서 신기한 일은 계속되었습니다. 법당처럼 생긴 곳의 문을 열고 들어가 앉았는데 밖에서 시끄러운 소리가 계속 들렸습니다. 분명 아무도 없었는데 말이지요.

그 오빠가 "손님이 오셨으니 조용히 하거라" 하고 말을 하니 순간 사위가 고요해졌습니다. 그리고 오빠가 켜지도 않았는데 초가 켜졌고 밖의 신발도 가지런히 정리가 되었습니다.

문 밖에서 노크하는 소리가 들리고 문이 열리기도 하는데 아무도 없는…….

정말이지 무서웠습니다. 그런데 그 오빠는 너무나 태연했습니다. 알고 보니 그 열여덟 살 난 소년은 퇴마사였습니다.

집안 사정으로 부모님이 절에 팔았다더군요(절에 데려다 주는 걸 판다고 이야기한데요).

그날은 큰스님이 사정상으로 암자를 비웠는데 주변이 시끄러워 절에서 내려와 봤더니 우리가 헤매고 있었답니다.

우리가 헤맨 자리는 사람이 다니지 않는 곳이래요. 그래서 사람이 들어서면 귀신들이 장난을 친다고. 그런데 걸스카웃 선생님께서 캠프 장소를 잘못 택한 것이지요.

다음 날 아침 스님들이 우리를 캠프 장소에 데려다 주셨습니다.

실제로 본 퇴마사 소년 기억에 많이 남네요.

신애 님 우리나라는 스님도 퇴마 일을 하고, 무당도 굿을 해서 귀신을 쫓는데 외국에도 퇴마사가 있나요?

음, 소년 퇴마사를 만나셨다구요. 지금쯤 멋진 청년이 되어 있겠네요.

우리나라에도 퇴마사가 있듯이 외국에도 존재합니다. 엑소시즘의 근본은 카톨릭에서 하나님의 이름으로 귀신을 물리치는 것입니다.

이러한 구절은 성경을 봐도 잘 나와 있습니다.

"(…) 마침 저희 회당에 더러운 귀신 들린 사람이 있어 소리질러 가라사대 나사렛 예수여 우리가 당신과 무슨 상관이 있나이까 우리를 멸하러 왔나이까. 나는 당신이 누구인줄 아노니 하나님의 거룩한 자니이다. 예수께서 꾸짖어 가라사대 잠잠하고 그 사람에게서 나오라 하시니. 더러운 귀신이 그 사람으로 경련을 일으키게 하고 큰 소리를 지르며 나오는지라(마가복음 1장 23절~26절)."

이러한 행위를 바탕으로 해서 나온 영화가 엑소시스트나 오멘입니다.

답변이 되셨기를.

그 오빠가 "손님이 오셨으니 조용히 하거라" 하고 말을 하니 순간 사위가 고요해졌습니다. 그리고 오빠가 켜지도 않았는데 초가 켜졌고 밖의 신발도 가지런히 정리가 되었습니다.

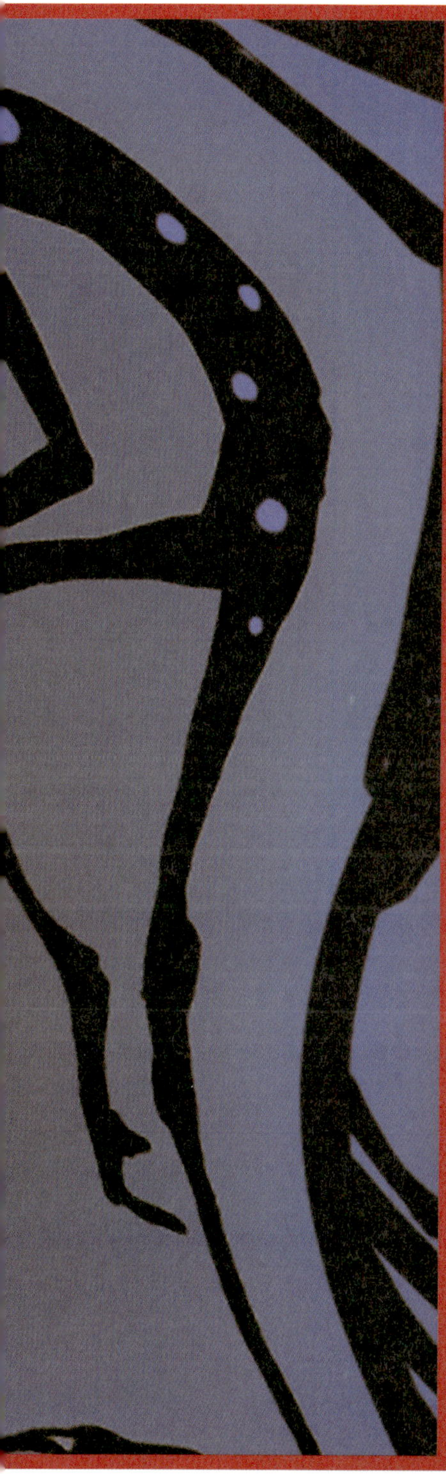

2
주술서

*이제부터 당신은 혼자서 주술을
행해 볼 것입니다.
편안한 자세로 읽으세요.

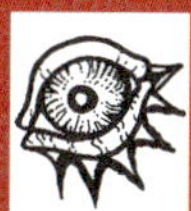

주술이란

　인간의 일상적인 문제를 초자연적인 특수 능력에 호소하여 해결하려고 하는 일련의 기법(技法)을 주술이라고 칭한다.

　원시적인 주술에서도 정령(精靈)의 세계를 인지하여 이를 주재(主宰)하려고 한다.

　그러나 주술은 종교와는 달리 반드시 신불(神佛)과 같은 초자연적인 존재나 인격적인 존재의 힘에 의한 가호를 구하려고 하지 않는다. 그것은 오히려 그 자체가 공덕(功德)과 효력이 있다고 믿어지는 주문이나 의식을 사용하여 행해진다.

　흔히 종교는 대상에 귀의(歸依)하고 주술은 대상을 조작한다고 말한다. 그러나 인류의 문화에 있어서 종교와 주술을 확연히 구분한다는 것은 어려운 일이다.

　사회의 진화과정에서 종교가 주술로부터 발전했다고 말할 수 없으며 또한 주술은 종교가 퇴화한 것이라고도 말할 수 없다. 오히려 거의 모든 민족에서 주술적인 요소는 종교적인 것과 얽혀 있다고 볼 수 있다. 그래서 최근에 와서는 주술이 곧 종교적이라는 말이 상용되고 있다.

일반적으로 주술을 민간신앙에서 말하는 주술처럼 생각하기 쉬우나 일시적 위안의 행사 이상의 것이라는 점에서 분명히 다르다.

주술에서는 특별히 강력한 신념과 욕구를 필요로 하기 때문에 설사 효력을 수반하지 않는 경우일지라도 신념의 동요를 초래하지 않는다. 예컨대, 그때의 의식이 올바르게 행해지지 않았다든가, 그 주술에 대해 더욱 강력한 대항주술(對抗呪術)이 작용했다든가 하는 일종의 변명이 의식적이건 무의식적이건 항상 준비되어 있는 것이다.

주술은 몇 개의 형태로 분류할 수 있는데, 이른바 공간적인 주술이 근본이고 이를 모방(또는 유감)주술과 감염(또는 접촉)주술로 대별할 수 있다.

모방주술이란 어떤 동작을 바르게 흉내내면 그에 상응하는 효과를 얻을 수 있다는 신념이다. 닮은 것이 닮은 것을 낳고, 흉내내면 일이 그대로 반드시 실현된다는 사고방식이다. 말하자면 비를 내리게 하는 의식을 행하면 반드시 비가 내린다고 믿는 것이다.

감염주술이란 어떤 부분에 대한 작용이 전체에 대해 같은 효과를 가져온다는

신념이다. 이를테면 머리카락이나 의류 등 인체의 일부 또는 인체에 접
촉한 것을 입수함으로써 그 사람의 영혼을 얻었다고 생각하고 그것을
이용해 상대방에게 어떤 작용을 가할 수 있다는 사고방식이다. 미운 상
대의 사진을 바늘로 찌름으로써 그에게 고통을 준다고 생각한다든가,
병자의 옷에 기도하게 한 다음 그 옷을 입히면 병이 낫는다고 믿는 일 따
위가 그런 예이다.

또 주술에는 백주술(白呪術)과 흑주술(黑呪術)이 있다.

백주술은 개인 또는 사회를 위해 선용되는 것으로 약초 등을 사용하
는 수도 있다. 따라서 그 시술자(施術者)는 주의(呪醫) 등으로 불린다. 흑
주술은 반(反)사회적으로 악용되는 것인데, 특히 흑주술만을 행하는 자
를 사술사(邪術師) 또는 요술사라고 부르며 두려움의 대상이 되고 있다.

흑주술이 지배하고 있는 아프리카의 여러 민족에는 서로 사술(邪術)을
거는 사회집단이 있다. 그곳에서는 인간의 자연사는 없고, 죽음은 반드
시 저주받은 결과라고 하여 가해자를 찾아 주살(呪殺)하려는 풍습이 있
다. 이 밖에 흑·백 양쪽 주술을 사용하는 주술사도 있다. 일반적으로
주술사는 이상한 신경적 소질을 가지고 있는 자가 일정하고 엄격한 훈
련을 거쳐 전문적 기술을 습득한 다음이라야 한다. 그리고 그것을 전업
으로 하는 주술사는 고대 문명에 있어서와 마찬가지로 오늘날에도 미개
민족 사이에서 흔히 볼 수 있다.

주술을 행하기 전에

의식을 행하기 전, 가장 중요한 것은 자신이 이러한 의식을 받아들일 수 있을 만큼의 정신상태이며 안정을 가지고 있는지를 확인하는 것이다.

만약 불안정한 정신상태 혹은 명확히 컨트롤 할 수 있는 의지를 갖지 못했을 경우 영혼의 틈새로 어둠이 스며드는 것을 아무도 막을 수 없다.

따라서 감정 상대가 심히게 혼란스러울 때 의식과 주술을 행하면 역방향 주술에 스스로가 사로잡히게 되며, 일단 이 상태에 들어서고 난 뒤에도 3배로 강한 정신력을 가진 인물이 의식을 행해 주기 전에는 스스로의 힘으로 빠져나오기란 불가능하다.

또한 스스로 원하는 것이 무엇인지 명확해야 하고 그것을 머릿속에 또렷이 그릴 수 있어야 한다.

정신 집중력이 부족한 사람은 우선 마음의 눈을 뜨는 연습을 거쳐야 한다. 우선 머릿속에 점을 하나 그리고 그 속으로 정신을 모으는 훈련을 한다.

머릿속에 그린 점이 점점 커져 자신을 둘러싼 주변이 모두 암흑으로 변했을 때 비로소 의식을 실행할 준비가 된 것이다. 또는 촛불을 눈앞에 피워놓고 촛불의 가장 중심부 불꽃을 찬찬히 바라보는 것도 좋은 방법이다.

눈에 너무 힘을 주지 말고 자연스럽게 눈을 깜박여도 좋으며 몇 분 뒤 눈을 감았을 때 바라보던 촛불 중심부의 빛을 눈을 감은 채로도 볼 수 있으면 그 빛을 이어가도록 한다. 30초 이상 불빛을 보았으면 준비가 된 것이다.

두 방법 모두 실패했다면 타로 카드를 이용하면 된다. 타로 카드는 그 자체로는 미약하지만 영력을 가지고 있기 때문에 당신을 길로 인도해 줄 것이다.

타로 카드 중 마음에 드는 카드를 눈앞에 놓고 촛불의 경우처럼 찬찬히 바라보라. 그리고 자신이 생기면 눈을 천천히 감고 타로 카드를 그려보면 된다. 세부적인 모양까지 모두 그릴 수 있다면 이제 내안(內眼)을 뜰 수 있게 된 것이다.

집중과 함께 또 하나 중요한 것은 차분한 마음이다. 내적인 평정을 잡는 훈련을 하지 못하면 주술 또한 그 힘이 대단히 미약한 것이 된다.

기억하라. 당신의 주술은 당신의 힘을 나타내는 것이다.

편안하게 앉아 머릿속에 그림을 그리도록 한다.

당신은 흰 리넨 옷을 입고 서 있다. 당신이 서 있는 곳은 작은 물이 흐르는 다리 앞이다.

다리 건너에는 초록빛 풀과 나무와 꽃들이 피어 있다. 나무는 꽤나 무성한 잎사귀를 가지고 있다. 그리고 다리를 향해 한 걸음을 내딛는다. 다시 한 발짝 내딛는다.

또 한 발짝. 성급히 건너려 하지 말라. 다리 건너의 그곳은, 당신이 서두를수록 희미해질 것이다.

다리 건너기를 계속하다 보면 아마도 당신이 알지 못하는 혼령들 혹은 형체를 알 수 없는 것들이 당신에게 말을 걸 것이다.

다리를 건널 수 있음에도 불구하고 발끝에 물이 젖는 느낌을 가질 수도 있을 것이다.

당황하지 말라. 말을 걸어오면 자연스레 대답하고 물에 젖으면 그 느낌을 즐겨라. 그러면 당신에게 어떤 메시지가 들려올 것이다.

너무 조급하게 그 말을 알아들으려 애쓰지 말라. 물이 발에 젖듯 메시지는 당신의 머릿속에 자연스럽게 젖어들 것이다.

이 상태에서 당신이 원하면 언제든 눈을 뜨고 현실로 되돌아올 수 있다.

두려워하지 말라. 이 과정은 전적으로 당신을 보호하기 위한 것이다. 당신이 의식을 행하는 도중 당신 자신을 잃어버리지 않기 위해 그리고 당신이 부릴 수 있을 만한 당신의 주술로 만들기 위해 행해지는 과정이다.

샤크라(chakra)

처음 주술을 행하려는 당신에게는 샤크라가 가장 적당하다. 대지의 힘을 받아 몸에 흐르게 하는 이 연습은 초보적인 주술이기도 하면서 또한 훈련이기도 하다.

A Centering

편안히

앉아 몸을 곧게 편다.

눈을 감고 호흡에 집중한다.

숨을 쉴 때마다 2, 3초 정지한 뒤 다시 천천히 내뿜는다.

5분 가량 지속하면 차분히 가라앉는 주변공기를 느낄 수 있게 된다.

스스로 집중을 돕기 위해 일정한 규칙을 가진 소리를 이용해도 좋다.

어떤 것이든 일정한 리듬을 가지고 있는 것이면 소리에 정신을 맡긴다.

A Grounding

어떤 곳이든 실제로 대지와 연결된 곳이어야 한다. 흙만 있거나 중심과 차단되어 있으면 전혀 효과가 없다.

자리를 적당히 찾았으면 몸을 곧게 펴고 숨을 내쉰다.

숨을 내쉬는 순간 땅에서 아주 약하지만 어떤 기운이 발끝으로 빨아들여지는 것을 느낄 수 있을 것이다. 느낌을 갖지 못했다면 조금 더 긴장을 풀고 숨을 훨씬 깊은 곳으로 끌어올려 보도록 한다. 이 훈련을 하고 나면 발이 상당히 무거워진다. 이것은 자연스런 현상이니 너무 당황할 필요가 없다.

자신에게 적합한 만트라(Mantra)를 찾는 방법

앞의 두 과정(샤크라)을 통해 준비한 사람이라면 이제 자신만의 만트라•를 찾길 바란다.

정확한 샤크라로 가기 위한 준비 단계라고 생각하면 된다.

조용한 곳에 앉아 눈을 감는다. 그리고 자신을 끝없는 우주의 중심에 놓는다고 생각하라. 그리고 몇 분 지나면 자신을 둘러싼 별들을 볼 수 있게 된다.

천천히 그 별이 어떤 색을 띠고 있는지 관찰한다. 별은 밝고 푸른색일 수도, 오렌지빛일수도 흰색에 가까운 빛일수도 있다.

빛을 발견하면 그 별에 자신을 맡긴다. 그리고 어떤 소리가 들리는지 조용히 집중한다. 그렇게 잠시 있다 보면 발견한 별이 자신의 만트라인지 아닌지를 자연스럽게 알 수 있게 된다.

편안히 집중이 이어지면 그것이 자신의 만트라일 것이다. 체험한 뒤에는 조용히 현실로 내려앉도록 한다. 그리고 천천히 눈을 뜬다. 아마도 당신은 꽤나 피곤함을 느끼게 될 것이다. 내 경우엔 심한 공복을 느꼈으

만트라

석가의 깨달음이나 서원(誓願)을 나타내는 말로서, 불교에서 진실하여 거짓이 없는 신주(神呪), 주(呪)·신주(神呪)·밀주(密呪)·밀언(密言) 등으로도 번역한다. '만트라'는 사고의 도구, 즉 언어를 의미하며 나아가서는 신들에 대해 부르는 신성하고 마력적(魔力的)인 어구를 가리키는 것이라고도 한다.

나 사람에 따라 다를 것이다.

이제 당신은 주술에 들어갈 때, 당신의 만트라에 따라 길의 인도를 받게 된다. 그러므로 당신의 만트라를 만난 순간을 반드시 기억하도록 해야 한다.

이제 본격적인 샤크라를 실시하도록 한다.

이때 주의할 점은 그동안의 과정에서는 다리를 꼬아도 상관없지만 샤크라를 수행할 때만은 다리를 곧게 펴도록 해야 한다는 것이다. 몸의 어떤 부분도 접히거나 막히지 않도록 하라. 이는 에너지의 순환이 자연스럽게 이어지도록 하기 위함이다.

오른손을 첫 번째 샤크라에 놓도록 한다. 샤크라는 당신의 몸을 정확히 이등분한 지점에서 첫 번째 손가락과 세 번째 손가락을 힘껏 벌린 길이만큼 머리를 향해 올라온 지점을 첫 번째로 하여 약 1인치의 긴 각으로 놓여 있다.

첫 번째 샤크라에 놓여진 손에 집중하며 숨을 들이쉰다. 이제 당신의 샤크라들을 채워 넣는다는 기분으로 숨을 들이마시고 내쉬기를 반복한다.

어둠의 기도
(Book of Shadows Blessing)

샤크라와 만트라를 통해 당신은 어느 정도의 자격을 갖추었다.

이제 위대한 대지의 어머니가 당신의 몸속에 들어왔으므로 오랜 시간 그늘 속에 가리워왔던 힘들을 당신에게 불러들여 당신이 원하는 것들을 현실로 만들 수 있는 주문으로서 시작해야 한다. 이 구절들은 읽기만 하는 것으로도 충분히 효과를 가져올 수 있지만 최선을 위해서는 암송할 것을 권한다.

나의 목소리를 당신께 드립니다.
이곳으로부터 그곳으로 향한 그 다리를 건너
그렇게 당신께 목소리를 드립니다.
이제 준비된 시간이 되었으니
당신의 근원의 힘으로
나를 채우소서.
배움과 성장과 생명력을 주관하는

북쪽의 대지여!

힘과 굳건함을 주소서.

지혜와 지식을 주관하는

동쪽의 바람이여!

실행할 수 있는 용기와 능력을 주소서.

치료와 열정을 주관하는

남쪽의 불이여!

원한바 대로 의식이 이어질 수 있는 강함을 주소서!

변형의 힘을 가진

서쪽의 물이여!

당신이 아시는 대로 모든 은총을 우리에게 내리소서.

대지의 어머니여 우리를 지키소서.

당신 속에 빛달이 빛나고 있음을 압니다.

우리를 지키소서

우리를 지키소서.

마녀와 마법 아이템

볼바(Volva)

북구의 샤먼. 여사제와 무녀의 중간적인 존재로 여성의 경우는 볼바, 남성의 경우는 파라라고 부른다. 그러나 이 구별은 명확하지 않으며 여성이 파라라고 불리는 경우도 있다.

북구의 샤먼은 사회적으로도 현실적으로도 대개 여성의 몫이었다.

그녀들은 세이즈 마술, 칸드 마술 양쪽 모두를 구사했지만 그들 중 세이즈 마술 쪽이 영과의 합일을 필요로 하는 것이었다.

영에게 자신의 마음과 육체를 빌려주는 이 빙령 마술은 격렬한 여성적인 엑스타시를 조건으로 하기 때문이다. 그녀들은 각지의 성지에 살며 평상시에는 사람들을 구하는 데 마술을 사용한다.

볼바의 주된 역할은 신으로부터 저급한 영(비텔이라고 부른다)을 몸 안에 불러들여 예언을 하는 것이다. 볼바의 예언은 아주 중하게 여겨지며 누구도 무시할 수 없는 것이었다.

신화 중에도 자식 발드르의 운명을 알아내기 위해 오딘이 명부까지 내려가 이런 종류의 여자 예언자의 혼에게 조언을 구한다(이 볼바가 로키의 아내이자 펜릴, 헬, 욜문간드의 어머니 앙굴보다라는 설도 있습니다). 또한 로마의 장군 드루누스는 볼바 중의 하나로부터 강을 건너지 말라는 조언을 듣고 군대를 이끌고 돌아갔다고 한다. 볼바는 또한 타자에게 오딘의 신이나 정령의 힘을 넣어주는 것이 가능하다고 믿어진다. 마법을 갖게 된 전사는 망아상태가 되어 야성의 광포한 힘을 이용해 적을 무찌른다고 한다.

이와 같은 상태에 있는 자는 베르세르크(영어로는 버서커)라고 부르며 불사신이라고 생각된다. 이때 볼바는 의외로 말을 타고 군의 선두의 중심에 위치해 전사들을 독려한다고 한다(전사의 트랜스 상태를 유지하기 위해서이다). 이와 같은 샤먼은 북구에 널리 존재한다. 하지만 켈트의 드루이드와 달리 통합된 조직이나 체계가 없었기 때문에 기독교의 전래 이후 그 위치를 빼앗겨 소멸되고 만다.

알베르투스 마그누스(Albertus Magnus)

중세 독일의 사교, 신학자, 철학자(1193~1280). 마그누스는 '위대한' 이라는 뜻으로 이름은 아니다.

전설에 의하면 그는 30년에 걸쳐 점토인형을 만들었다. 그 인형은 걸고, 말하고, 질문에 답하고, 수학 문제를 풀 수 있었지만 곤란하게도 말이 너무 많았다고 한다. 그래서 알베르투스의 제자 중 하나였던 토마스 아퀴나스라고 하는 남자가 인형을 금박가루로 칠해 버렸다고 한다. 토마스는 중세 최대의 신학자가 되지만 마법을 부정하지는 않았다. 아무래도 눈으로 직접 봤기 때문이 아닐까 싶다.

알베르투스는 『알베르투스.팔워스. 루키.리벨루스』라고 하는 마법 도서를 남겼다. 단 그 책의 내용은 영의 소환을 다룬 정도로 별 다른 내용이 없어 정말로 알베르투스가 쓴 책인지는 의문이다. 사후 600년이 지난 1933년에 성자의 반열에 올랐다.

마녀(魔女, witch)

저주하여 농작물을 말라죽게 하거나, 인형에 바늘을 찔러 누군가를 죽게 하는 검은 주술사 또는 주문이나 약초로써 병을 고치고, 농작물의 증산을 위해 비가 오기를 천신께 비는 따위의 일을 하는 흰 주술사 그리고 원시종교의 양물(陽物)숭배 등의 비의(秘儀)를 조직적으로 행하는 여자 등을 가리킨다.

마녀는 고양이 · 두꺼비 · 세 발 달린 토끼 등의 동물로 변신하기도 한다.

마녀의 역사는 매우 오래된 것으로, 고대 이집트나 인도를 비롯해 그리스 · 로마에도 널리 퍼져 있고, 아프리카에서는 현재도 마녀에 대한 신앙이 남아 있다. 유럽에서는 중세에 이르기까지 마녀에 대해 관대하여 반사회적인 행위에 대해서만 벌을 가했다. 그러나 십자군 원정의 실패 이후, 가톨릭 교회가 사회 불안이나 종교적 위기를 극복하기 위해 12세기 말의 이단적 신앙에 공격을 가하면서부터 18세기 초기까지 격렬한, 이른바 '마녀 사냥'을 전개했다.

이 무렵에 밝혀진 마녀란, 그리스도에 대한 신앙을 버리고 악마와 계약을 맺어 악마를 섬기고, 그 대가로 부여되는 마력을 사용하며, 공중을 날아 마녀 집회(사바트)에 참석해 악마와 교접을 하는 자로, 그 몸뚱이에는 악마의 손톱자국이 늘 있었다고 전한다. 마녀는 대개 여성이었으나 남성인 경우도 있었다. 사바트의 장소로서 가장 유명한 곳은 괴테의 『파우스트』 때문에 유명해진 독일의 브로켄 산(山)이다.

마녀 같다는 소문이나 밀고만으로 피의자를 기소하여 지독한 고문을 가함으로써 자백을 강요하고, 피의자의 대부분을 교수(絞首)한 뒤 불에 태웠다. 이때 손발을 묶어 물에 던져 가라앉으면 무죄이고 떠오르면 유죄라는 감별법도 사용되기도 했다. 고문의 고통에서 벗어나기 위한 자백이었기 때문에 거의가 무고했다고 생각되지만, 악마의 흔적을 찾아내기 위해 피의자는 체모(體毛)를 깎이고, 특히 음부(陰部) 등 남의 눈에 띄지 않는 곳을 검사받는가 하면, 몸에 바늘을 찔러서 아프지 않고 피가 나지 않으면 그것만으로 마녀라는 단정을 내리기도 했다.

바늘로 찌르는 일을 직업으로 삼은 자 가운데는 찌르면 바늘 끝이 뒤로 밀려나게 하는 장치를 사용함으로써 억지로 많은 마녀를 만들어 고액의 수입을 올리는 자도 있었다고 한다. 이렇게 처형된 마녀의 재산은 몰수되어 영주(領主)·주교(主敎)·이단심문관(異端審問官) 등이 배분했기 때문에 '마녀사냥'은 수지맞는 장사였다.

뿐만 아니라 체포돼서 처형되기까지의 모든 비용도 마녀가 부담해야 했다. 마녀사냥은 아이러니컬하게도 합리주의와 휴머니즘의 시대(16, 17세기)에 절정에 달했는데, 가톨릭뿐만 아니라 그리스도교 측에서도 이단심문이 극심했다. 그리고 마녀가 종교적·사회적으로 위험시되지 않게 된 18세기에 와서는 박해가 격감하여 병리학적으로 다뤄지게 되었다.

독일에서는 17세기 중엽의 10년 동안 두 살 난 어린이를 포함해 1,000여 명이 처형된 데 비해, 고문이 금지된 영국에서는 처형자의 수가 매우 적었던 것은 주목할 만한 사실이다. 하나의 정치적 신조를 절대화하여 고문에 의해 이단자를 유죄로 만든다는 것은 지극히 현대적인 현상이기도 하다.

위자드(Wizard)

중세에서 현대까지 남자 마법사를 부르는 말로 많이 사용된다. 본래는 '현명한 사람'이라는 뜻이다. 중세에는 어떤 마을이든 한 명씩은 위자드가 있어서 존경과 공포의 대상이 됐다. 그들이 하는 일은 주로 운세 판단, 유실물 발견, 행방불명자의 추적, 병자 치료(인간이나 가축 모두),

범죄자 발견, 부적 만들기, 비약의 판매 등이었다. 고대의 샤먼이 하던 일을 그대로 이어받은 것으로 생각된다.

이와는 별도로 고등마술사로서의 위자드도 존재했다. 그들은 신부나 신학자들로 연금술이나 헤르메스학의 연구에 종사했다. 단 19세기 이래로는 마녀 등과 동일한 의미로 사용되는 경우가 많았다. 현재는 보통 고등마술사의 의미로 사용되며 근대마술사 중에선 위자드를 자칭하는 자도 많다.

고르고(Gorgo)

그리스 신화에 나오는 추악한 얼굴의 세 마녀. 고르곤이라고도 한다. 스테노·에우리알레·메두사의 세 자매로, 서쪽 끝 밤의 나라와 헤스페리스(저녁의 딸)들의 동산 가까이 살고 있다. 고르고는 머리에 뱀이 감겨 있고, 멧돼지의 어금니와 같은 커다란 이빨에, 손은 청동이며, 커다란 황금날개를 가지고 있다. 그 날카로운 눈초리를 보는 자는 누구를 막론하고 돌로 변하기 때문에 그녀들은 공포의 대상이었다. 세 명 가운데 두 명의 언니는 불사신이었으나 메두사만이 죽을 운명이어서, 고르고의 목을 잘라 가져오라는 명령을 받은 영웅 페르세우스의 손에 목이 잘려 죽었다.

악마(惡魔)

'사람에게 해를 끼치는 귀신'이라는 뜻으로 '마(魔)'와 같은 뜻이나 오늘날에는 주로 서양의 '데블(devil)'이란 뜻으로 쓰이고 있다. 데블은 소문자로 쓰는 경우와 대문자로 쓰는(Devil) 경우가 있다. 전자는 초자연의 힘을 가진 정(精) 또는 영(靈)으로 종류가 많은데, 한국에서 흔히 말하는 귀신이나 마귀도 이에 속한다.

소문자인 데블은 '데몬(demon)'이라고도 불리는데, 지역이나 민족에 따라 여러 가지 종교적 숭배나 속신(俗信)·민화(民話)에 나타나며, 몽마(夢魔)나 흡혈귀(吸血鬼)·마녀 등도 이 종류에 속한다. 이들은 중세 이래 귀신 연구나 악마 연구의 대상이 되어 왔다.

데몬은 그리스어의 다이몬(신·신성)에서 온 것으로 어원이 그리스어에는 악마 외에 선마(善魔)도 포함되었으나 그리스도교 시대 이후에는 악마라는 뜻으로만 쓰고 있다. 대문자로 쓰는 경우에는 그리스도교의 사탄(Satan)과 같은데, 헤브라이어의 '적(敵)'을 뜻한다.

사탄은 '루시퍼'라는 이름의 대천사(大天使)였는데, 신이 부여한 시련을 견뎌내지 못하고 인간 세계에 떨어졌기 때문에 '타락한 천사'로 표현한다. 가톨릭에서는 '악의 천사 사탄'이라고 불러 '착한 천사 미카엘'과 구별하고 있다.

프로테스탄트도 역시 사탄은 천사와는 반대되는 개념으로 이해되는데, 이 사탄은 악으로써 선을 파괴하고 신의 영광에 상처를 주므로 신과 인간에게는 공통된 적으로 보고 있다. 사탄은 모습을 자유로이 바꾸는데, 구약성서의 『창세기』에서는 뱀으로 모습을 바꾸어 하와(이브)에게 금단의 열매를 먹게 한다. 괴테의 『파우스트』에 나오는 악마 메피스토펠레스는, 독일에서는 악마가 젊은 귀족의 모습으로 나타난다는 생각에 입각해 설정된 것이다. 정체는 짐승의 몸이고 산양의 뿔과 갈라진 발톱과 박쥐의 날개를 가진 것으로 믿어지고 있다.

키르케(Kirke)

그리스 신화에 나오는 마녀. '독수리'를 의미한다. 요술에 뛰어나고 전설의 섬 아이아이에(Aiaie)에 살면서 그 섬에 오는 사람을 요술로써 짐승으로 변하게 하곤 했다. 트로이 함락 후 영웅 오디세우스는 부하와 함께 귀국 도중 이 섬에 배를 대었다. 제비를 뽑아 23명의 부하를 선발하고 에우릴로코스를 대장으로 이 섬의 탐험에 나섰다가 키르케의 저택에 당도했다. 문 앞에는 늑대와 사자가 있어 그들을 놀라게 했으나, 그녀는 일행을 맞아들여 환대하면서 약을 탄 술을 마시게 한 다음, 지팡이로 때려 그들을 돼지로 바꿔버렸다. 혼자만 저택에 들어가지 않고 이 정경을 보고 있던 에우릴로코스의 급보에 접한 오디세우스는 단신으로 부하를 구조하는 데 나섰다. 도중에 제우스의 아들 헤르메스를 만나 모리라는 약을 얻었기 때문에, 그녀의 저택에서 마법의 술을 얻어 마시고도 짐승이 되지 않고 오히려 부하들을 원래의 인간 모습으로 환원시킬 수 있었

다. 그는 키르케와 함께 이 섬에서 1년 간을 머물렀는데, 둘 사이에서 텔레고노스가 태어났다

마스코트(mascot)

프랑스의 프로방스 지방에서 말하는 마녀(魔女 : masco) 또는 작은 마녀(mascot)에서 유래된 말이다. 부적(附籍)과 같은 애뮬릿(amulet)이나 탤리스먼(talisman)의 일종으로, 애뮬릿은 목에 걸거나 팔 또는 모자·의복 등에 지니는 소형의 수호신을 말하며, 탤리스먼은 집이나 차량·선박 등에 사용하는 것을 말하나 이 구별은 확실하지 않다.

마스코트로 사용되는 것은 네 잎 클로버, 호랑이 털, 호랑이 발톱, 여우(특히 암컷)의 생식기, 물고기의 이빨, 맹조(猛鳥)의 발톱, 보석, 장식품, 신비한 도형(圖形)이나 명문(銘文)을 적은 종이쪽지 등이 있으며, 이 밖에도 사고 발생 시 대신한다는 뜻으로 자동차에 매다는 마스코트 인형 등이 있다.

이장(異裝, Transvestism)

남자의 여장, 여자의 남장을 말한다. 일반적으로 기피되는 것이지만 마술사나 성직자는 종종 이장을 한다. 일설에 따르면 제사를 올릴 때 이런 이장을 했던 것 같다.

타키투스(1~2세기의 로마 문인)에 의하면 게르마니아의 신관은 여장을

하고 제사를 올렸다. 그리스, 로마의 일부에도 이런 습관이 있으며 그리스도교 시대에도 남아 있다. 그러나 교회 당국은 이를 싫어해서 이단심문의 '권위'로 악명 높았던 쟝 보댕은 '남녀 마술사는 서로 옷을 바꿔입고 실제로 성을 바꾼다'고 공언했다.

이외로 작게는 일본, 중국, 이슬람권에는 재앙을 피하기 위해 남자아이를 일정한 나이까지 여자로 키우는 풍습이 있었다. 이것은 남자 쪽이 젖먹이 때 사망할 확률이 높기 때문에 '마물은 남자 쪽이 가치 있다고 생각하고 좋아하는 남자를 습격한다'는 생각에 '여자로 키우면 마물을 피할 수 있다'고 생각했기 때문인 것 같다.

마녀사냥은 15세기 초부터 산발적으로 시작되어 16세기 말~17세기가 전성기였다. 당시 유럽 사회는 악마적 마법의 존재, 곧 마법의 집회와 밀교가 존재한다고 믿고 있었다. 초기에는 희생자의 수도 적었고, 종교재판소가 마녀사냥을 전담했지만 세속법정이 마녀사냥을 주관하게 되면서 광기에 휩싸이게 되었다.

이교도를 박해하기 위한 수단이었던 종교재판은 악마의 주장을 따르고 다른 사람과 사회를 파괴한다는 마법사와 마녀를 처단하기 위한 지배 수단으로 바뀌게 되었다. 17세기 말 마녀사냥의 중심지였던 북프랑스 지방에서는 300여 명이 기소되어 절반 정도가 처형되었다. 마녀사냥은 극적이고 교훈적인 효과 덕분에 금방 번졌고, 사람들의 마음을 현혹시켰다.

1582년 바이에른 어느 백작의 한 작은 영지에서 한 명의 마녀가 체포되었다. 이 마녀의 체포에 이어 연속으로 48명이 마녀로 낙인찍혀 화형당했다. 1587년 도릴 지방의 약 200여 촌락에서 1587년부터 이후 7년간 368명의 마녀가 적발되어 화형당했다.

1590년 남독일의 소도시 네르도링켄에서 시장의 제안에 의해 시의회는 거리를 나돌아다니는 마녀를 철저히 일소하도록 결의했다. 이후 3년간 32명의 마녀가 화형 또는 참수되었다.

1590년 소도시 에링켄에서 65명의 마녀가 처형되었고, 1597~1676년에 197명의 마녀가 화형당했다. 소소크만텔 승정령(僧正領)에서는 1639년에 2,428명, 1654년에는 102명이 처형되었다.

오늘날 오스트리아 영토가 된 스타이엘마르크 지방에서 1564~1748년에 1,849명이 소추되어 1,160명이 사형에 처해졌다. 나노수 지방에서는 1629년부터 4년 간 2,255명이 마녀로 소추되었고, 뷔르튄겐 지방에서는 1633년 이후 3년 간 11명이 처형되었다.

튜링겐 숲에 인접한 게오르겐탈이라는 인구 4천 명에 불과한 작은 도시에서 1652~1700년에 64회의 마녀재판이 실시되었다. 반베르크 승정령에서는 1627년 이후 4년 간 화형당한 마녀가 285명이었고, 그 이후 30년에 걸쳐 이 재판소에 계류된 마녀재판은 900건을 넘었다. 이 승정령의 인구는 겨우 10만 명을 넘지 않았다.

뷰르스부르크 승정령에서는 1623~1631년에 화형당한 마녀가 900명에 달했다. 1627년부터 이후 연간 29회의 재판에서 화형당한 157명의 희생자를 보면 연령과 계급, 직업 등이 다양했다. 시의회의원, 고급관리의 부인, 시의회의원의 처자, 그 지방의 가장 아름다운 자매, 8, 9, 12세의 아이들이 포함되어 있었다.

후루다에 살고 있는 바루다세르 후스라는 마녀재판관은 19년 간 700명의 마녀를 화형했는데, 그의 일생 동안 1천 명을 처형하기를 소원했다고도 한다. 로트링겐에 살고 있던 니콜라스 레미라는 사람도 재직 15년 간 화형시킨 마녀가 900명에 달한다고 한다.

마녀사냥의 물결은 15세기 이후 이교도의 침입과 종교개혁으로 분열되었던 종교적 상황에서 비롯된 것이다. 마법과 마녀는 그 시대가 겪었던 종교적 번민에서 탈출하는 비상구였던 동시에 자신의 권력을 유지하기 위한 수단이었다. 이러한 종교적 배경과 함께 마녀사냥이 폭발적으로 증가한 것은 중세사회의 혼란이었다.

마녀사냥은 개인적 · 집단적으로 농촌사회가 분열되고 개인들의 관계가 파국에 이르렀을 때 나타나곤 했다. 종교전쟁, 30년 전쟁, 악화되는 경제상황, 기근, 페스트와 가축들의 전염병이 당대 농촌사회를 휩쓸었던 불행이다. 사람들은 연속된 불행에 대한 납득할 만한 설명을 찾아냈고, 마침내 불순한 사람들인 마법사와 마녀를 선택한 것이다.

공동체의 희생양으로 지목된 사람들에 대해 심판관은 개인간의 분쟁을 악마적 마법의 결과로 해석하고 자백을 이끌어냈다. 자백하지 않는 자에게는 공포심을 자극하는 심문과 혹독한 고문이 가해졌다.

당시에는 이탈리아 법학과 캐논법을 통해 유럽 여러 나라가 이른바 규문주의(糾問主義) 소송절차를 채택하고 있었다. 이 소송절차에는 고문이 합법화되어 있었다. 마녀는 바로 이 고문의 소산이었으며 이것을 정당화시키는 규문주의 소송절차의 당연한 결과였다. 고문은 거의 모든 마녀재판의 필수적인 요소의 하나로 등장한다.

그리스도교가 절대적인 권력을 가지고 있을 당시에는 신에 대한 반역이나 모독은 그 어떠한 범죄보다 중죄였다. 처음에는 마법의 유형에 따라 달리 취급했지만 나중에는 마녀라는 것 자체만으로 화형·참수·교수 등의 엄벌을 받았다. 독일·영국·프랑스·스위스·핀란드·스페인 등지에서 일어난 마녀재판을 1만 건 이상 분석한 로버트 무쳄블래드의 통계자료에 따르면 마녀로 기소된 사람 가운데 거의 반 정도가 처형된 것으로 보인다.

그러나 수세기에 걸쳐 광란을 연출했던 마녀재판도 18세기에 들어서면서 점차 그 모습을 감추기 시작했다. 르네상스의 진전과 더불어 이성적 세계관과 과학 정신의 대두는 불가피한 시대정신이 되었고 이것은 신학에 기반을 둔 과학의 해방을 의미했다. 이로써 불합리의 극치인 마녀재판도 존립의 근거를 잃게 되었다.

18세기를 지나면서 마녀의 고문과 그에 따른 화형도 사라졌다. 독일의 경우 1749년 뷰루소부르크에서 1건, 1751년 아인팅겐에서 1건, 1775년 겜텐에서 1건의 마녀재판이 기록되었고, 7년 뒤인 1782년 스위스의 계랄스라는 지방에서 아인나 겔티라는 마녀가 고문 끝에 참수형에 처해진 것을 끝으로 마녀재판은 유럽 대륙에서 자취를 감추었다.

이처럼 악마와 마법 그리고 마녀가 공동체를 파괴한다는 신념은 지배계급과 당시의 지식인인 신부와 법관들이 만들어낸 문화적 산물이었다. 마녀사냥의 주된 공격대상은 과부, 즉 여성이었다. 신학적 관점에서 볼 때, 여성이란 원죄로 각인되어 있는 존재이기 때문이다. 여성은 악마의 심부름꾼이라는 생각이 사람들에게 있었고, 여성의 육체 자체가 두려움을 자아낸 것이다.

마녀사냥은 그리스도교 이외의 어떤 사상과 움직임도 용납할 수 없었던 중세사회에서 대다수 민중들의 체제에 대한 불만과 저항을 마녀라는 이름의 희생양을 통해 대리 해소하는 동시에 마녀를 따돌린 '우리 사회'는 안전하다는 만족감과 감사함을 느끼게 하는 하나의 사회적 배제·통합기제로 사용되었던 것이다.

앙크(Ankh)

고대 이집트에서 생명을 상징하는 부적.

스카라베와 함께 잘 알려진 것으로 현대에도 이집트의 토산물가게나 세계의 오컬트 숍에서 악세사리로 팔리고 있다. 앙크는 꼭대기가 타원형으로 된 십자형이다. 이것이 무엇을 상징하고 있는지는 밝혀지지 않았지만 그 의미는 '영원의 생명'으로 이집트의 상형문자이며, '생명'이라는 의미이다. 피라미드나 신전의 벽화에는 이집트의 왕이 신으로부터 앙크를 받고 있는 그림이 그려져 있다.

이것은 왕이 신과 동일화되는 의식이다. 앙크를 손에 넣는 것으로 왕은 재생의 활력을 얻고 영원의 생명을 획득하는 것이다. 앙크는 왕뿐만이 아니라 상형문자나 벽화 그림 속의 신이 몸에 걸치고 있다. 이것은 앙크가 특정한 신의 상징이 아니라 모든 생명을 상징하는 것이기 때문이다. 이 심볼은 그 보편적인 의미 때문에 이집트 문명의 붕괴 후에도 유럽에 전해져 타로 카드의 그림에 그 모습을 드러내고 있다.

영광의 손(Hand of Glory)

유명한 마법 아이템.

교수형 당한 죄인의 왼손(오른손이라는 설도 있다)을 잘라 의식을 베푼 후, 촛대로 사용한 것이다. 이것을 촛대로 하면 촛대를 가진 자는 눈에 보이지 않게 된다. 또 다른 전승에선 이 촛대를 집 옆에 놓아두면 그 집의 인간은 곧 잠들어 아침까지 눈을 뜨지 못하게 된다. 이 때문에 진흙몽둥이(다른 마법 아이템인 듯)와 함께 비상시에 고마운 아이템이다. 간혹 손을 촛대로 쓰지 않고 손에 불을 붙여쓰는 경우도 있다.

우쟈트(Uzat)

이집트 신화에 등장하는 빛의 신 호루스는 명부의 신 오시리스와 여신 이시스의 아들이다. 신화에서 그는 아버지 오시리스를 살해한 숙부 세트에게 복수하는데 그때 한쪽 눈을 잃었다고 한다. 이 호루스의 눈알을 상형문자화 한 부적이 우쟈트이다.

호루스의 눈은 오른쪽과 왼쪽의 색이 달라서 보통은 오른쪽이 검은색, 왼쪽이 하얀색으로 그려진다. 하얀 눈동자는 호루스의 신격인 빛나는 태양을 나타내며, 검은 쪽은 어둠 속의 달을 의미한다.

숙부 세트와 싸우다 빼앗긴 것은 검은 눈동자 쪽으로 우쟈트가 외눈으로 그려지는 경우엔 본래 하얀 눈동자를 사용하는 것이지만 이 구별은 잘 되지 않아서 검은 눈을 우쟈트에 그려 넣는 경우도 많다.

호루스가 세트로부터 빼앗긴 눈동자를 되찾아온 결과 세트에게 살해된 오시리스가 부활했다는 신화에 의해, 우쟈트는 건강이나 안전을 기

원하는 부적으로 사용된다. 우자트를 몸에 간직하고 묻힌 사자는 사후의 세계에서 부활해 하늘로 올라간다고 한다. 또한 사체에 함께 묻는 부적 외에 살아 있을 때에도 몸에 악세사리로 걸치는 것이 유행이었다.

악세사리로서의 우자트도 마력이 있어서 착용자의 건강을 여름에는 강하게, 겨울에는 약하게 지켜준다고 한다. 이것은 호루스의 힘인 태양의 힘과 비례한다. 신전 등의 건축물에도 심볼로 우자트가 사용된다. 우자트의 재질은 여러 가지지만, 일반적으로는 나무나 돌이 사용된다. 그 중에는 귀금속이나 화강암 등이 사용된 것도 있다. 또한 안구 부분만 에메랄드 등으로 만든 것도 있다.

운디네(Undine)

사대 정령의 하나. 아스트랄계에 살고 있는 물의 정령. 인간에게는 무지개 빛의 몸을 가진 여성으로 인식되어 있다. 하지만 전승이나 작품에 의하면 전혀 다른 모습을 가지고 있는 것이 많다.

예를 들어 중세의 연금술사는 종종 우화적으로 물의 원소를 물고기로 그려 남겼다. 또한 물로 만들어진 부정형의 생명으로 그린 경우도 있다. 운디네의 그림을 몸에 지니고 다니면 마법의 효과가 증폭된다는 설이 있다.

주술을 거는 법

*이제 당신은 주술을 걸 기본 자세와 마녀들의 특성도 알았다.

이제 주술을 거는 단계로 들어가 자신에게 맞는 주술을 찾아보기로
한다.

재성(財星, Money Pentacles)

준비할 것—클로버 잎, 시나몬, 육두구, 아라비아 검, 깨끗한 물

준비한 것 모두 4스푼 정도의 양으로 해서 함께 섞도록 한다. 이때 정
제된 시나몬 오일을 조금 넣는다. 잘 섞이면 아라비아 검과 물을 조금씩
붓는다.

흙을 손으로 집어 손가락 두 마디 정도로 집은 양을 넣은 뒤 손가락으
로 내용물을 잘 섞는다. 반드시 끈끈한 정도가 되어야 한다. 너무 묽으면
검 혹은 흙을 조금 더 넣어야 한다.

176

동그랗게 빚은 뒤 날카로운 칼로 오각형의 모양을 만든다. 그리고 나면 강한 햇빛에 말려야 한다. 잘 마른 뒤에는 헝겊으로 감싸서 항상 몸에 지니고 다니며 재물을 현혹시킬 수 있도록 한다.

4주가 지나면 감사하는 마음으로 땅에 묻고 새것을 다시 만들도록 한다.

진행되는 시간을 조금 가속하려면, 자정 즈음 촛불 두개를 켜놓고 정 가운데에 재성(財聖)을 위치시킨 뒤 잠시간 샤크라를 행하도록 한다.

집안의 악령을 내쫓는 주술(To Clean Away Negative Energies in A Household)

준비할 것 — 레몬 그래스, 오일, 바다 소금, 병, 깨끗한 물, 식초, 개나리 나무 뿌리 간 것, 1스푼의 바질, 1스푼의 로즈메리

1주일 이상 집안에서 환청이나 환각 혹은 가위에 눌리는 일이 일어난다면 반드시 그 기운을 막아야 한다. 누군가 당신을 저주했을 수도 있고 악령이 당신 곁을 맴도는 것일 수도 있다.

우선 당신 집의 모든 문, 창문을 포함한 모든 문이란 문은 모두 열어 놓도록 한다.

2스푼의 레몬 그래스에 2스푼의 오일을 섞어 바다 소금으로 정결히 한 병에 1주일 간 담아둔 Van Oil을 준비한다. 그리고 4리터의 물과 1/4

컵의 암모니아로 문을 안에서 밖의 방향으로 씻어낸다.

4OZ.의 물과 4OZ.의 식초, 1스푼의 개나리 나무 뿌리 간 것, 1스푼의 바질, 1스푼의 로즈메리를 모두 섞는다. 이것을 둘로 나눈 뒤 하나를 집의 동서남북 방향에 발라둔다. 이때 당신은 나쁜 기운을 쫓을 만큼의 정신력을 가지고 있어야 한다. 집중도를 높여야 한다. 어떤 소리를 내서도 안 되며 남은 액체를 다시 정확히 반으로 나누어 하나는 정북쪽에 그리고 나머지 하나는 정남쪽에 위치시킨다.

신년에 행하는 헤이즐넛 행운 주술(Hazelnut Good Luck Charm)

준비할 것 — 헤이즐넛 9개, 검은 덩굴 가지(가능하다면 마(麻)를 이용하도록 한다.)

뾰족한 드라이버 같은 것으로 헤이즐넛에 구멍을 뚫은 뒤, 덩굴 줄기로 9개를 모두 꿰도록 한다. 약간 넉넉하게 여유를 두고 둥글게 묶는다.

신년을 맞은 뒤 첫 번째와 두 번째 보름밤에 실행할 수 있다.

이때 준비해 둔 헤이즐넛을 불의 신에게 바쳐야 한다. 방법은 꿴 헤이즐넛으로 촛불을 둘러싸도록 만든 뒤 다음의 주문을 외운다. 보고 읽지 말도록 한다.

영력의 효험을 기대할 수 없다. 반드시 암기하여 당신의 내부에 생성

되어 있는 만트라의 힘이 상조하도록 해야 한다.

원을 그린 아홉 개의 영물이여,
불의 신의 힘으로 미천한 하인에게
잡령을 막을 수 있는 힘을 주소서
당신께 바치오니, 1년 간 보호하소서!

그리고 나서 이것을 집안의 어느 곳이든지 창에 가까운 곳에 걸어두
도록 한다.

9라는 숫자는 켈트족의 목력(Tree Calender)에 의하면 헤이즐넛에 가
장 신성해지는 숫자이다. 그러므로 더 많은 영력을 원한다고 해도 9개를
초과할 수는 없다. 단지 춘분과 추분에 흙 속에 똑같은 의식을 치른 9개
의 헤이즐넛을 다시 묻으면 상사를 주관하는 신의 힘으로 생명의 연장
을 기원하는 의식과 같은 효험을 얻게 된다.

방어주술(A Spell of Protection)

어떤 불이든 (촛불이든 모닥불이든) 피워놓고 그 앞에 앉거나 서 있는
다. 그리고 촛불의 중심을 바라보며 불이 당신의 몸을 휩싸는 것을 상상

하여 실제로 눈에 보이는 상태까지 유도한다. 당신이 집중훈련을 통해 연습한 것을 실행할 때이다. 불이 느껴지면 다음의 주문을 외운다. 이 주문의 경우에는 단어 하나까지 정확히 외울 필요는 없으며 단지 큰 흐름을 따라가는 기분으로 머릿속에 떠올려 입 밖으로 소리가 나도록 노력한다.

> 불 안에 계신 당신이여!
> 마력의 힘을 일으키소서, 타오르게 하소서.
> 불꽃을 타오르게 하여 지금 이곳을 채우소서.
> 어떤 것도 비천한 이 몸을 해치지 못하며
> 어떤 것도 비천한 이 몸을 두렵게 할 수 없으며
> 어떤 것도 비천한 이 몸을 지나갈 수 없나이다.

힘을 증강시키는 주술(A Power Shower Ritual)

이 의식은 매일 행할수록 효험이 배가 되므로 잊지 말고 꾸준히 할 수 있도록 한다. 뿐만 아니라 어떤 주술을 하기 이전에 정기를 깨끗이 하고 이후에 이어지는 주술의 힘을 증강시키므로 급한 상황이 아니라면 주문을 시작하기 이전에 반드시 행하는 편이 좋다.

준비할 것 — 헝겊, 1티스푼 분량의 소금(정제하지 않은 바다 소금이 가장 힘이 강하다), 오일(올리브 오일 혹은 허브가 들어간 오일이어도 관계없음)

깨끗한 마른 헝겊에 소금과 오일 몇 방울을 떨어뜨린다. 조심스럽게 접어 당신이 샤워를 하는 곳 근처에 잠시 놓아둔다.

물로 몸을 깨끗이 씻어낸 뒤 접어두었던 헝겊을 풀어 심장 가까운 곳에 댄다.

북쪽을 향해

북쪽의 수호신이신 대지의 여신이여, 당신을 맞이합니다.
당신을 위해 깨끗이 씻어낸 이곳에 머무소서.

그리고 동쪽을 향해

동쪽의 수호신이신 바람이여, 당신을 맞이합니다.
당신을 위해 깨끗이 씻어낸 이곳에 머무소서.

그리고 남쪽과 서쪽을 주관하는 불과 물의 신에게도 동일한 방식으로 기도한다.

다시 북쪽을 향해 되돌아서서, 전체적으로 원을 그리는 의식으로 마무리한다. 조용히 각 방위의 신에게 두려움과 피곤함과 낡고 죽어가는

182

요소를 씻어내 달라는 기도를 드린다.

짐스러운 습관과 건강치 못한 요소들을 씻어내어 강한 의지와 높은 직관력을 가질 수 있도록 기도한다.

말하면서 가슴에 대고 있는 헝겊을 원을 그리듯 문질러 피부 속으로 정결한 소금과 오일이 스며들도록 하며 북동남서를 향해 한 바퀴 돈 이후에는 사지의 끝을 향해 헝겊을 문질러 온몸에 스며들도록 한다.

물의 기운으로 원치 않는 영은 씻겨나갈 것이며 소금에 의해 당신의 영혼은 중립의 성향을 보충하게 된다.

당신의 신체는 한 겹의 방어막을 가지게 되는 것이다.

마지막으로 호흡을 깊이 한 뒤 물로 몸을 씻어 내린다. 씻어 내리며 각 빙위의 신이 당신을 보호할 것임을 믿고 감사하는 마음을 잊지 말아야 한다.

나쁜 기억을 잠재우는 주술(A Memory Rite)

이 의식은 페스터 케그대몬(Fester Kegdaemon)이라는 사람이 즐겨 쓰던 것으로 잠재적으로 당신 속에 침작하여 악령을 부르는 낡은 기억과 음습한 트라우마를 씻어내는 주술이다.

인간의 기억 속에는 지워졌다고 생각하지만 절대로 지워지지 않는 그늘이 드리워져 있으며 이러한 그늘로 인하여 스스로 저주와 악령의 제물이 되는 경우가 흔하게 발생한다.

몸에 난 상처는 빠른 회복력을 가지고 스스로 치유될 수 있으나 영혼에 난 상처는 스스로의 힘으로 치유하는 것이 대단히 어려우며 그대로 놓아두었을 경우 스스로의 통제를 벗어난 몸속의 또 하나의 영으로 자라날 수 있으므로 특히 유의해야 한다.

그대로 두게 되면 저주와 복수로 가득 찬 그늘의 영이 당신을 해할 뿐 아니라 당신의 영까지도 부수게 되므로 반드시 기억해 두도록 한다.

당신의 유년기에 존재했던 많은 트라우마까지 모두 이 범주 안에 들어가게 된다. 유년기의 영혼의 상처는 그 영혼의 미숙함만큼이나 많은 사람을 다치게 할 수 있으므로 더욱 중요하다. 이 주술은 누구나 가능하며 스스로 어두운 기억이 없다고 자부하는 사람에게도 권하고자 한다. 영혼의 그늘은 스스로 의식하지 못하는 사이에 자라는 것이 대부분이기 때문이다.

준비할 것 — 노란색 초, 뚜껑이 있는 상자. 향, 자신에게 익숙한 음악, 로즈메리 잎사귀

반드시 태양빛이 드는 자리여야 한다. 시간은 정오에 가까운 쪽이 좋으며 스스로 편한 자세를 취하면 된다. 상자는 반드시 뚜껑이 있는 것으로 준비하여 안쪽을 알루미늄 포일같이 반사가 되는 종이로 둘러싼다.

184

바깥쪽은 어떤 것이든 어린애 같은 유치한 문양으로 둘러싼다. 특별히 자신의 어린 시절을 연상케 한다거나 어린 시절에 자주 보았던 문양을 쓰는 것이 중요하다.

준비가 되면 촛불을 켜고 향을 피운다.

주술의 첫 번째 문장을 시작한다.

기억의 그곳에 도착해서는 나의 의지를 받으소서, 그리고 그곳에 가려는 나의 의지를 용서하소서.

이어지는 주문은 다음과 같다.

이제 나의 과거를 불러내어 현재와 만나게 하려 합니다. 이것으로 나의 미래는 밝을 것이며 어둠에서 구원될 것입니다. 나를 빛 속에 머물게 하시고 기억이 나를 지배하지 말게 하소서, 이제 팔을 벌려 기억의 그곳을 맞이하오니 빛 속으로 한 발자국 다가가게 하소서.

이 시점에서 상자를 가슴에 안고 당신 주위에 당신을 가장 미워한다고 생각되는 사람의 존재를 떠올린다. 그가 당신을 경멸하고 놀리는 모습을 연상한다. 그의 목소리에 정신을 집중하여 그의 존재가 점점 명확해지도록 애쓴다. 그의 목소리가 격렬하게 자신을 비하하고 괴롭히는 상태가 되면 눈을 떠 상자를 연다.

상자 속에 보여진 영상을 맞이하며 잠시 직관으로서 그것을 응시한다. 이때 영적으로 위축되는 순간이 오면 당신이 햇빛 가운데 있다는 사실을 기억해 내야 한다.

당신의 피부가 따스함을 인지하게 되면 상자를 조용히 닫고 뚜껑 위에 손을 올린 뒤, 기억의 봉인을 위해 로즈메리 잎사귀를 뚜껑 위에 조용히 문지른다.

잎사귀에서 물이 나오도록 조용히 짓누른 뒤, 뚜껑에 잎사귀가 붙은 채로 북쪽을 향한 곳에 상자를 꼭 닫는다.

주술을 잘못 실행했을 때 자신에게 그 역주술이 되돌아오는 것을 방지하는 주술(Psychic First Aid)

준비할 것 — 축복을 주는 허브계(로즈메리, 페퍼민트, 타임, 세이지, 시나몬, 스위트 그래스), 흡입력을 가진 허브계(인디언 토바코, 아메리칸 토바코), 바다 소금(없을 경우에는 그냥 소금으로 대체한다), 붉은 철광석

타오르고 있는 불꽃(촛불의 중심이나 숯불, 성냥 어떤 것이든)에 준비한 허브들을 조금씩 뿌려 넣는다.

그리고 우선 행하고 있는 장소를 봉인한다. 그리고 동서남북 방향에 작은 구멍을 파둔다. 이와 함께 원을 만들어둔다. 실제로 원을 그려놓아도 좋고 집중이 강하다면 머릿속에 원을 그린 뒤 그것을 끊임없이 지켜내도록 한다. 자신이 없다면 선을 그어놓고 시작한다.

원의 중심에 앉아 현대의 상황을 머릿속에 그린다. 붉은 돌을 품고 있도록 한다. 샤크라로부터 에너지를 끌어올린다.

외부세계로부터 칼날로 자르듯 당신이 있는 세계를 잘라낸다. 이때 당신이 그려놓았던 원을 기준으로 해야 한다.

과정을 돕기 위해 원의 중심에 당신의 만트라 불빛을 위치시킨다. 높은 집중이 필요하다. 파놓은 구멍을 막아 아우라를 지키도록 한다.

사랑의 주술(Wiccan Love Spell)

사랑의 주술은 일반 주술과는 전혀 다른 주술이다. 각각의 경우에 따라 천차만별인 것이 이 주술이며, 따라서 모든 사람에게 통하는 주술이란 있을 수 없다.

당신이 얼마나 만트라를 정확히 보는지에 따라서 힘의 강도가 달라지며 결과도 달라진다. 유의하라. 모든 사랑의 주술의 결과는 당신의 영력에 달려 있으며 당신의 영력은 당신이 얼만큼 원하는지에 따라 크게 좌우된다. 장난스런 기분으로 임하지 않도록 한다. 그다지 원치 않는 상대와의 사랑의 주술을 여러 번 실행한 이후에는 진정으로 원하는 상대와의 주술이 말을 듣지 않게 될 것이다.

사랑하는 사람을 찾아내는 방법

준비할 것 — 분홍색 양초, 자스민 향초, 로즈메리

자스민 향초에 불을 켜고 불꽃의 중심을 바라보며 남자라면 여자의, 여자라면 남자의 형체를 떠올린다. 희미하게 비춰지는 영상 가운데 가장 먼저 나타나는 사람을 계속 떠올리며 향초의 불꽃 중심으로 로즈메리를 뿌려 넣는다.

불꽃이 순간적으로 확 타오르며 그(그녀)의 영상이 변하지 않으면 그(그녀)가 현재 당신의 진정한 짝이며, 그렇지 않고 영상에 흔들림이 있거나 다른 사람으로 비치면 그는 당신의 진정한 상대가 아니다.

사랑을 이루도록 도와주는 의식

준비할 것 — 원을 그릴 수 있을 만한 물건, 붉은색 또는 핑크색 양초, 오일, 핀, 붉은색 또는 핑크색 펜, 붉은색 또는 핑크색 종이

Step1 : 원을 그려놓는다.

Step2 : 당신이 되고자 하는 사람의 형상을 떠올린다. '되고자 한다'는 것은 '무엇이든' 상관없다.

예를 들어 전체 외모든, 머리 모양이든, 성공적인 일이든, 원만한 성격이든. 하지만 폭력적인 성향을 닮고자 하는 소망은 이 주술과 맞지 않는다.

Step3 : 양초에 핀으로 자신의 이름을 새겨 넣는다. 그리고 나서 오일을 양초의 불꽃 중심에 천천히 떨어뜨린다. 바깥쪽에서 중심을 향해 가도록 한다. 에너지를 중심으로 모아간다는 느낌으로 실시하도록 한다.

Step4 : 종이에 자신의 이름을 핑크색 펜으로 쓴 뒤, 종이를 양초에 태운다.

Step5 : 큰 소리로 다음 주문을 떠올린다.

희망과 진실의 힘으로, 성숙함과 젊음을 주관하는 힘으로, 이쉬타르
여, 내 안에 들어오소서.

Step6 : 원을 정리한다.

사랑의 주술 #1(Wiccan Love Spell #1)

우선 당신의 마음속에 당신의 사랑을 가로막는 장애물을 제거해야 한
다. 마음속에 그의 영상을 떠올린 뒤 자신을 그의 옆자리에 세워둔다. 이
순간 잠시라도 그림자가 생기거나 주저하게 되면 그 순간을 놓치지 않
아야 한다. 당신이 자신 없는 그것, 당신 속에 존재하며 사랑의 기운을
차단하는 존재들, 이전의 사랑에서 받은 상처와 당신을 왜소하게 만드
는 생각들을 하나의 검은 점으로 형상화한다. 검은 점을 명확하고 좀더
검게 떠올리도록 한다.

그리고 그 검은 점을 당신의 심장 부근에 위치시킨다.

깨끗한 물에 타임 잎을 떨어뜨리고 손을 저은 뒤, 물결이 고요해지면
타임 잎을 띄운 물로 심장 부근을 씻어낸다.

사랑의 주술 #2(Wiccan Love Spell #2)

위의 의식을 행한 뒤에는 장미꽃 다섯 송이를 준비한다. 가시를 깨끗이 제거한 뒤 물에 적셔 당신의 집의 정문이 향해 있는 방향으로 한 블록 떨어진 곳에 꽃을 떨어뜨린다. 정문의 반대편 쪽으로 향한 곳에 세 송이를 떨어뜨린다. 다섯 번째 꽃은 당신의 집 대문에 걸어둬야 한다. 장미가 이끄는 것은 사랑이 지나는 길이다. 당신이 현재 애인이 있건 없건 간에 당신의 진정한 사랑은 이 길을 지나게 될 것이다. 그 진정한 사랑이 결국 당신이 있는 곳을 깨달을 수 있도록 하기 위해서는 장미의 길을 터 주어야만 한다.

사랑의 주술 #3(Wiccan Love Spell #3)

이번 단계에서는 공작의 깃털 혹은 공작을 상징하는 물건이 필요하다. 공작의 깃털을 몸에 붙이거나 공작을 상징하는 물건을 몸에 지닌다. 핀으로 고정시켜도 좋고 공작을 본 딴 문양을 몸에 지니는 것으로도 약하지만 효과가 있다. 준비가 되었으면 거울을 향해 당신 몸에 붙어있는 깃털이 꼬리를 펼치게 만들어야 한다. 연상해도 좋고 반복해 상상해도 관계없다.

사랑의 주술 #4(Wiccan Love Spell #4)

이 주술은 현재의 관계에 불만을 가진 사람들을 위한 것이다. 현재 자신의 상대가 왠지 '이 사람이다'라는 느낌이 들지 않는 경우가 있다. 그럴 때에 유효한 주술이며 싫어하는 상대를 단념시키는 주술과는 전혀 다른 것이므로 혼동하지 않도록 한다.

주술을 위해서는 2개의 달러 은화가 필요하다.

구할 수 없다면 한국 주화로는 500원짜리 동전으로 대체해도 관계없지만 은화만큼의 효력은 가질 수 없다.

은화를 북쪽을 향해 던진 뒤 땅에 떨어지도록 한다. 북쪽을 향해 오른쪽이 당신이면 왼쪽이 현재 당신이 만나고 있는 상대이다. 만약 오른쪽과 왼쪽이 같은 문양을 표시하고 있다면 당신의 관계는 소중히 지켜나가야 하는 것을 의미한다. 그렇지 않고 오른쪽이 그림을 나타내고 왼쪽이 숫자를 표시하고 있을 경우에는 당신의 진정한 사랑이 현재 애인으로 인해 길을 찾지 못하고 헤매고 있음을 표시하는 것이다.

이 경우에는 사랑의 길을 터주는 의식을 행해 더는 상처와 낭비가 일어나지 않도록 예비해야 한다. 만약 오른쪽이 숫자를 나타내고 왼쪽이 그림을 표시한다면 당신이 현재 애인에게 큰 상처를 주게 됨을 의미한다. 애인의 진정한 사랑이 당신인지 아닌지는 당신 자신의 주술로는 밝혀낼 수 없다. 단지 현재의 관계에서 당신의 존재와 사랑의 방식이 상대편에게 결국에는 상처와 흠집으로 남을 수 있게 됨을 표시해 주는 것이다.

영혼을 부르는 주술

절대로 장난 삼아 이 주술을 행하지 말라. 떠도는 영은 머물 자리를 필요로 하며 따라서 당신이 부른 영이 의식이 끝난 뒤에도 당신 속에 남아 당신의 영혼에 커다란 그늘을 드리울 수 있다. 이 주술을 행하기 전에는 반드시 힘을 증강시키는 의식을 행해야 하며 평소에 최면에 잘 빠지는 타입의 사람이라면 권하지 않아야 할 주술이다.

주술의 순서

1. 눈을 감고 눈을 감으면 보게 되는 눈앞에 펼쳐진 어둠을 장시간 응시한다. 자연스럽게 별들이 펼쳐진 것과 같은 형상을 보게 된다. 사람에 따라 보게 되는 구체적인 모습은 다를 수 있지만 어떤 모습이든 그 중심에 위치한 가장 어두운 곳에 정신을 집중하도록 노력한다.

2. 어둠의 중심부 색깔이 어떻게 바뀌는지 잘 관찰하라. 만약 그곳이 초록빛을 띠고 있다면 영이 당신이 부르는 소리를 듣고 근접해 오고 있음을 의미한다. 붉은색 혹은 노란색 빛을 본다면 자신의 영혼

의 기가 강한 것이므로 영이 찾아들 수 있도록 마음의 눈을 열도록
한다.

3. 초록빛이 어둠의 중심부에서 점점 번져 나가는 것을 느낄 수 있을
   것이다. 이는 영이 당신에게 상당히 근접해 오고 있다는 것을 표시
   해 준다. 겁먹지 말고 영이 당신에게 다가오는 순간을 반겨야 한다.

4. 영의 능력이 당신을 씻어 내릴 것이다. 내안(內眼)을 열고 영을 맞
   아라. 그가 당신을 변화시킬 것이다.

5. 이제 조심스럽게 질문을 시작해야 한다. 첫 번째 질문은 반드시
   "당신의 이름은 무엇입니까?"로 시작한다. 이는 모든 사물이 이름
   지워짐으로 인해 자신의 존재가 상대편에게 완연히 드러나고 이로
   써 위해를 가하기 힘들어짐을 의미하기 때문
   이다. 만일 다른 질문으로 시작한다
   면 당신에게 찾아든 영이 위험
   한 장난을 치는 것을 막을 수
   없게 된다.

6. 영은 당신에게 자신의 이름을
   밝히는 것이 대부분이나 만일
   아무 소리도 들리지 않고 빛의 느
   낌으로 그쳐버린다면 영이 당신을
   회피해 떠난 것이니 주술을 그만두

라. 그렇지 않고 빛은 이어지나 이름을 답하지 않는다면 그는 대단
히 위험한 영이어서 자신의 존재를 드러내려 하지 않는 것이므로
재빨리 눈을 뜨고 영의 기운을 차단해야 한다.

7. 이후의 질문은 당신이 원하는 대로 할 수 있지만 단 약속을 맺는 것
만은 절대로 금해야 한다. 영과의 약속은 현세뿐 아니라 후세에서
도 지속된다는 사실을 유념하도록.

8. 첫 번째 조우는 서너 가지 질문으로 그쳐야 한다. 그렇지 않으면 영
은 당신에게 흥미를 느껴 떠나려 않으려 할 수 있다. 영을 보낸 뒤
엔 반드시 그에게 제물을 바쳐야 한다. 제물은 사소한 음식이나 자
질구레한 소지품이어도 관계없다. 북쪽을 향해 당신의 제물을 묻어
라. 그는 당신의 파장을 기억하고 제물을 반길 것이다.

빛의 느낌으로 그쳐버린다면 영이 당신을 회피해 떠난 것이니 주술을 그만두라. 그렇지 않고 빛은 이어지나 이름을 답하지 않는다면 그는 대단히 위험한 영이어서 자신의 존재를 드러내려 하지 않는 것이므로 재빨리 눈을 뜨고 영의 기운을 차단해야 한다.

위자 보드(Ouija board)

I. 점이나 심령체험에 사용되는 판. Ouija라는 이름은 프랑스어(Oui)와 독일어(Ja)의 Yes가 어원이다. 위자 보드는 처음에 실내게임으로 노벨티숍에서 팔려, 미국에서 일반 대중에게 알려지게 되었다.

보드에는 알파벳과 함께 'Yes'나 'No', 'Good-bye', 'maybe' 등의 단어가 새겨져 있다. 위자 보드는 플랜체트(세 발 달린 지시판)나 어떤 종류의 포인터를 판 위에 미끄러지게 해서 사용한다. 참가자는 보드에 질문을 한 후 포인터나 보드를 움직여 포인터가 '가리키는' 문자를 읽는다. 지시된 문자의 스펠링을 읽어, 질문의 해답으로 삼는 것이다.

쉽게 동양의 분신사바의 종이를 생각하면 되겠다.

II. 위자 보드

알파벳을 중앙에, 주변에는 1~0의 숫자를 써넣은 접시로 그 위에 세 개의 다리가 있는 일종의 점술도구. 예수에 관련된 접시도 많다. 이름의 유래는 프랑스의 '예' 해당하는 'oui'와 독일어의 '예'에 해당하는 'ja'

198

가 조합된 말이다.

삼각에 영능력자가 손을 얹어놓는 것이 일종의 강령의식이 된다. 영이 내리면 어떤 사람의 손을 움직여 능숙하게 접시 위를 이동해 문장을 만든다. 그리스 시대부터 유사한 것이 있었으며 신탁을 얻는 데 사용한다는 설도 있다.

참고 : 영과의 접촉시 위험성과 그 사례

—영과의 접촉(contact)

영을 본다든가, 영의 소리를 듣는다든가 하는 등의 인간과 영의 만남을 심령과학에서는 접촉(contact)이라고 표현한다.

영과 접촉한다는 것은 영의 파장과 우리의 파장이 일치된다는 말이기도 하다. 우리가 영과 접촉하게 되는 경우는 크게 네 가지로 나눌 수가 있다.

첫 번째로 영 자신이 어떤 필

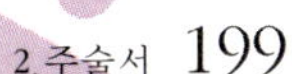

요에 의해서 직접 접촉을 시도하는 경우.

두 번째로 전문적인 영매자 또는 무당과 같이 살아 있는 사람 쪽에서 의도적으로 영과의 접촉을 시도하는 경우.

세 번째로 영과 사람 양쪽이 각자의 의사와 관계없이 우연히 접촉하게 되는 경우.

네 번째로 '빙의(possession)'라고 부르는 영이 다른 사람의 육체를 점유하는 경우가 있다.

첫 번째의 경우는 영이 생전에 이루어지지 못한 것을 사후에서라도 계속 이루려 한다든가 자신의 존재 또는 자신의 죽음을 알리려고 하는 영의 적극적인 의도에서 기인한다.

두 번째의 경우는 전문적 또는 직업적으로 영과 접촉을 시도하는 이른바 영매라는 부류에 의해 기인하는 경우다. 이들 영매들은 선천적 또는 훈련 등의 개발에 의한 후천적인 능력으로 영의 파장을 찾아내거나 영에게 파장을 맞춰 접촉을 한다. 대부분의 영매는 '지배령'이란 것이 존재하며 그 지배령이 다른 영혼과 접촉할 수 있게 해주기도 한다. 쉽게 말해서 영매는 지배령에게 파장을 맞추기만 하면 지배령과 그 외에 다른 불특정 영과 접촉을 할 수 있는 것이다. 따라서 첫 번째 경우에서는 제한된 특정 영과 접촉을 하게 되지만 이 경우에는 지배령 이외에 정해지지 않은 불특정적인 여러 존재와 접촉을 하게 되는 면이 있다.

영매자들이 영과 대화하는 데 쓰이는 방법으로는 주로 자동서기, 영응반, 위저 보드, 신필 등이 쓰이며 영매의 발성기관을 통한 직접적인 사례도 있다.

또한 무거운 물체의 공중부양, 두드리는 소리, 저절로 악기가 연주되는 등의 현상이 나타난다. 그러나 영매들과 영과의 접촉 중에 가장 두드러지고 흥미를 끄는 현상은 무엇보다도 바로 액토플라즘(Ectoplasm)이다.

액토플라즘은 보통 우윳빛에 꿈틀거리는 부정형의 물질로 스스로 소리를 내거나 의사표현을 한다고 한다(이를 채취, 분석한 보고서에는 백혈구와 상피조직이 있는 간단한, 분열하는 조직체라는 사실도 밝혀졌다. 그러나 아직도 그 생성 과정은 밝혀지지 않고 있다). 이것은 영매가 입이나 귀 또는 코같이 몸에서 방출해 내는 경우도 있고, 공간 내에 영이 직접 형성하는 경우도 목격되고 있다. 영매의 신체에서 방출되는 경우 엑토프라즘은 처음에는 액체의 형태에서 점차 손, 구체, 긴 줄 등의 형태로 되기도 하고 그 안에 사람의 얼굴이나 어떤 물체가 맺혀지기도 한다.

영매는 액토플라즘을 방사하고 나면 상당한 체력의 저하를 나타내는 것이 일반적인 현상이다. 확인된 바에 의하면 어떤 영매는 액토플라즘을 방출한 뒤에 체중이 평상시보다 절반이나 줄어들었다. 일부의 시각에서는 액토프라즘을 많이 방출하는 것으로 영매의 능력을 평가하기도 하는데 이것은 잘못된 생각이다.

공간 내에 액토플라즘을 형성하는 경우 대부분은 영이 의도하는 바를 형상화하거나 자신의 일부 또는 전체를 형성하는 경우가 많은데 이를 가리켜 '영자화현상' 이라고 말한다.

십대의 소녀 영매였던 플로렌스 쿡의 지배령인 케이티 킹은 자주 영자화현상을 통해 모습을 드러냈는데 많은 사람들이 목격한 바 있다.

목격자들은 그들 가운데의 빈 공간에서 차츰 형상이 맺혀지다가 이윽고 완벽한 형상을 갖춘 케이티 킹을 보았다. 사람들은 케이티 킹의 옷깃을 만져보기도 하고 손에 입을 맞추기도 했다.

영국 심령연구학회 소속의 윌리암 크룩스(William Crookes) 영자화현상 중인 케이티 킹의 사진을 무려 44장이나 확보했으며 그 사진들은 상당한 신빙성을 가진 것으로 인정되고 있다.

세 번째 접촉은 사람과 영의 우연한 파장의 일치에서 기인한다. 다시 말하면 평상시에는 느끼지 못하다가 어떤 우연한 상황에서 영이 가진 파장과 접촉자의 파장과 일치하게 되면 영의 목소리를 듣거나 시각화된 형상을 목격하게 되는 것이다.

백악관에서 한밤에 순찰을 돌던 경비원이 링컨 대통령의 영과 마주친 경우나 유령이 자주 목격된다는 고속도로, 안개 낀 바다에서 만나는 유령선 등이 좋은 예이다.

'지박령' 이라는 것도 여기에 해당이 되는데 지박령은 특정한 이유나 자신의 원한 또는 자신의 죽음을 미처 깨닫지 못하는 이유 등으로 특정한 장소에 묶여 시간의 경과를 느끼지 못하고 죽기 직전의 행동을 반복하는 영이다. 유령의 집도 지박령 현상의 일종이라 하겠다. 따라서 지박령이 활동하는 장소에서 우연히 지박령과 파장이 일치하게 되면 접촉이 이루어지는 것이다.

지박령 이외에 또 다른 견해는 영계와 우리들의 세상은 멀리 떨어져 있는 것이 아니라 같은 공간 내에 차원이 다를 뿐이라는 견해다. 그리하여 우연히 어떤 심리적인 여건이 갖춰져 파장이 일치해지면 같은 공간 내에 있는 영과 접촉을 하게 된다는 것이다. 우연히 영과 접촉했을 때 소스라치게 놀라며 비명을 지르고 난 뒤에 다시 보면 감쪽같이 사라진 경우들이 여기에 해당된다.

접촉했을 때의 심리적인 충격이 일치된 파장을 무너뜨려 눈앞에서 순간적으로 사라지는 것이다. 파장의 일치와 관계없이 접촉이 빈번하게 일어나는 유령의 집은 집 전체가 차원이 뒤틀려져서 영계와 우리의 세계의 중간에 존재하는 것이기 때문이다.

어쨌든 우리들 주변에는 항상 어떤 형태로든지 영들이 존재하며 우리는 파장이 일치되기만 하면 심리적인 상당한 충격을 감수해야 한다.

네 번째 접촉인 '빙의' 는 그다지 바람직하지 못한 경우라고 할 수 있

다. 이 현상은 흔히들 '귀신들림'이라고 부르는 경우로 한 사람의 육체
에 둘 또는 그 이상의 영이 존재하여 그것이 육체를 지배하는 것을 말한
다. 이 경우 빙의가 된 사람은 평상시와는 다른 성격을 나타내 보이며 경
우에 따라서는 환청이 들리고 투시나 예지 등 특수한 능력이 생기기도
한다.

그러나 대부분의 빙의 현상의 원인은 자신의 죽음을 부정하고 이승에
대한 강한 집착을 가진 영이 살아 있는 사람의 육체와 그 영적에너지를
소유하기 위해서이다. 따라서 빙의령의 대부분은 원한령이거나 영계에
가지 못한 채 떠도는 영이다. 이 빙의 역시 쉽게 일어나는 현상은 아니고
주변에 떠도는 빙의령과 파장이 일치하는 경우에 발생한다.

심령적으로 피로하거나 미숙하여 약한 심령적 파장을 가진 영매에게
강한 파장의 영이 접촉되었을 경우, 영에 대해 전문적인 지식이 없는 사
람들이 영과 접촉을 시도한 경우 그리고 빙의를 노리는 영이 주변에 있
을 때 그 영의 성향과 일치하는 감정상태에 몰입되었을 경우에 빙의가
이루어진다.

빙의에 대한 사례는 주로 종교적인 측면과 많은 연관이 있다. 그것은
빙의된 사람을 정상으로 되돌리는 데 일반적으로 종교적인 힘을 빌리기
때문이다.

악마에게 지배된 사람을 성자가 구했다든지, 기도나 축복으로 빙의된
사람을 정상으로 되돌렸다는 사례는 어느 종교에든 있다. 엑소시즘이

그 대표적인 것이라 할 수 있다. 하나의 육체를 둘 이상의 영이 공유한 예로서 가장 유명한 것은 「3명의 이브(Eve)」라는 이야기로 세계에 널리 알려진 '크리스틴 비이참' 이라는 아가씨의 이야기이다.

1898년에 미국에 사는 크리스틴 비아참이라는 아주 내성적이고 얌전한 처녀에게 난데없이 명랑하고 쾌활한 성격이 나타나기 시작했다. 이 새로운 인격은 크리스틴과 똑같은 육체를 공유하고 있으나 자기와 크리스틴은 전연 다른 인격이며, 자신의 이름은 샐리이고 크리스틴이라는 인격은 샐리에 관해서 전혀 모르고 있는 것으로 보아 이 두 인격의 성질은 분명히 샐리가 주장한 대로 완전히 별개의 인간이었다.

샐리가 육체를 지배하고 있는 동안에는 이 육체는 샐리의 성격대로 행동했고, 샐리 대신 크리스틴이 눈을 뜨면 크리스틴은 샐리가 행했던 행동은 하나도 기억하지 못하는 것이었다.

이러한 일은 크리스틴의 주치의로 있는 프린스 박사가 '한 사람이면서도 두 사람인 처녀' 에 관해 몇 가지 실례를 들어 학계에 소개함으로써 미국의 심리·심령학계에 큰 파문을 던졌고, 동시에 이 사건은 전 세계의 화제를 독차지하게 되었다.

이 '한 사람이면서 두 사람인 처녀' 는 얼마 안 가서 '한 사람이면서 세 사람인 처녀' 가 되어 세상을 더욱 놀라게 했다. 그것은 샐리 말고도 또 한 명의 성격이 전혀 다른 처녀가 등장했기 때문이다. 이렇게 되고 보니 이 처녀까지 합하면 한 육체를 세 사람이 공유한 셈이 된다. 세 번째 처녀는 이름을 밝히지 않아 이브라는 이름으로 가정하고 이 '세 처녀'의 행적의 일부를 소개한다.

크리스틴은 취직을 하려고 뉴욕으로 가는 기차를 탔다. 그러나 가는 도중에 열차 안에서 크리스틴은 샐리로 변해 버렸다. 샐리는 뉴욕에 갈 생각이 없었기 때문에 도중에 기차에서 내려 그 고장의 식당에 취직을 했다. 샐리는 이 식당에서 한동안 일하고 있었는데, 어느 날 느닷없이 샐리가 아닌 이브로 변했다. 메리는 식당을 그만두고 봉급을 받아 쥐자 보스턴으로 갔다. 그런데 이번에는 다시 샐리로 돌변하여 보스턴에서 아파트에 세 들었다. 이 아파트에 살고 있는 동안에 본래의 크리스틴이 눈을 떴다. 크리스틴은 자기도 모르는 사이에 보스턴에서, 게다가 자기가 일지도 못하는 빙에 와 있음을 알고는 깜짝 놀랐디.

이러한 경우와 정신의학과 심리학에서 주장하는 '디중 인격'과는 그 차이를 구분하기가 매우 모호하다. 그러나 한 가지 분명한 것은 종종 우리 안에 마음 저편의 침입자가 우리의 육체를 지배할 가능성이 있다는 것이다.

끝으로 꼭 언급하고자하는 것이 하나 있는데 요사이 10대 청소년들 사이에 유행처럼 번져나가고 있는 이른바 '영소환'이다. 이것은 스스로 빙의를 자처하는 행위이다. 아무런 지식이나 준비가 없는 상태에서 의도적으로 영소환을 하는 것은 상당한 위험성을 가지고 있다. 영소환의 성공 여부를 떠나서 전문적인 부류의 사람들도 함부로 행하지 않는 것

준비가 없는 청소년들이 행한다는 것은 그 자체로도 위험한 것이다.

보고된 바에 따르면 자살자의 영이 빙의가 되었을 경우 빙의된 사람도 자살을 하려 한다는 통계도 있다. 따라서 장난삼아 하는 영소환은 정신적인 피해는 물론이고 생명까지도 잃을 수 있는 매우 위험한 행위이다.

재미로 하는 꽃으로 주술 걸기

연인의 마음을 알아본다

백합 한 송이를 골라 비가 내린 후 꽃의 색깔을 본다. 노란색이면 불성실, 붉은빛이면 성실한 편이다.

또한 민들레 솜털을 불었을 때 남은 솜털이 많을수록 상대방이 당신을 사랑하는 것이라고.

사랑은 언제까지나 계속될까?

두 사람의 이름을 쓴 호두를 각각 불 속에 넣는다. 두 개 모두 불에 탄다면 두 사람의 사랑은 영원할 것이며, 만약 어느 쪽인가가 먼저 타버리고 만다면 두 사람은 헤어지게 된다.

연인의 체격과 재산 정도는?

양배추 밭에 나가 눈을 감고 한 포기를 뽑아

본다. 그 양배추가 큰가 작은가 가는가 굵은가가 상대방의 체격을 나타
낸다. 그리고 양배추에 붙어 있는 흙이 재산을 상징한다.

결혼 상대자를 선택하려면?

좋아하는 사람이 많은 사람은 주저하지 말고 다음과 같은 방법을 써
보자.

몇 개의 씨앗에 예상되는 연인의 이름을 쓰고 그것을 물에 적셔서 이
마에 붙인다. 가장 오래 붙어 있는 씨앗이 당신의 상대자이다.

가장 먼저 결혼하는 사람은?

덩굴로 묶은 동자꽃의 다발을 친구들이 각자 하나씩 모닥불에 던져
넣는다. 이때 제일 먼저 풀리는 다발의 주인공이 빨리 결혼할 수 있다.

연애중의 금기사항

연애중에는 뜰에서 자라는 파슬리는 절대 잘라서는 안 된다. 이 행동
은 불길을 상징한다.

영원한 사랑을 원한다면?

연인에게 자스민 꽃을 받으면 그것을 머리카락과 함께 땋는다. 그러
면 사랑이 영원해진다.

바람난 연인을 안정시키려면?

사랑을 독차지 못하는 연인들은 헨루더풀을 먹이면 상대방의 바람난 마음을 안정시킬 수 있어서 열렬한 사랑을 얻는다.

병에 걸리지 않으려면?

새벽에 당아욱을 꺾으면 그날 하루는 병에 걸리지 않는다.

멀리 있는 사람을 혼내주려면?

서양개암나무의 가지를 들고 자기 방에서 상대방의 이름을 외우면서 전후좌후를 때리면 멀리 있는 상대방이 통증을 느끼게 된다. 또 헝겊이니 점토로 상대방의 인형을 만들어 선인장 가시로 꼭꼭 찌르면 그 순간 상대방이 의식을 잃는다는 설도 있다.

젊음을 유지하는 비결

로즈메리, 세이지, 회향풀, 마르셀로를 섞어서 마신다. 자신이 원하는 동안 지금의 젊음이 유지된다고 한다.

자신의 미래의 모습을 보려면?

와인, 진, 럼, 물, 식초를 유리컵에 따라서 로즈메리의 작은 가지를 적셔서 베게 밑에 두면 그날 밤 꾸는 꿈이 당신의 미래를 예언해 준다. 또

마편, 초풀을 넣은 목욕탕에 들어가면 그날 밤 꾸는 꿈도 당신의 미래를
보여준다.

유령과 대화하고 싶다면?
서양겨우살이의 작은 가지를 들고 허름한 집으로 가서 무엇이든지 물
어보기만 하면 유령이 답해 준다고 한다.

새와 이야기하는 법
제비꼬리고사리의 재를 섞어서 만든 유리반지를 끼면 새와 이야기를
할 수 있다.

마녀를 알아내려면?
공작고사리, 금작화, 헨루더, 서양 짚신나물 등의 다발을 들고 사람들
을 가만히 보면 마녀만 보인다고 한다.

꽃으로 마녀만큼 전문가 되기

● **라벤더**　　진정작용이나 소염작용이 뛰어나다. 라벤더 정유를 5~6 방울 욕조에 떨어뜨려 목욕을 하면 숙면을 취할 수 있다. 또한 끓는 물을 넣은 그릇에 몇 방울의 정유향을 떨어뜨려도 같은 효과를 얻을 수 있다.

● **로즈메리**　　이 정유는 산뜻하고 강한 방향성으로 신경의 활동을 활발하게 하고 머리를 맑게 해준다. 기억력과 집중력도 높아진다. 지쳐 있을 때 미지근한 물에 몇 방울 떨어뜨려 전신욕을 하면 효과적이다.

● **레몬**　　소화계의 활동을 고르게 하는 작용이 있고 또 피로할 때 기분전환을 한다. 끓는 물에 몇 방울 떨어뜨려 향을 방 안에 차게 하면 안정을 가질 수 있다.

● **페파민트**　　소화계의 활동이 활발해지고 기분을 전환시키는 작용을 한다. 특히 구역질에 효과가 있어 손수건이나 끓는 물에 몇 방울 떨어뜨려 증기를 들이마시면 기분이 상쾌해지고 편안해진다.

● **국화**　　방에 꽃꽂이를 하는 것으로도 열병을 치유하는 효과가 있

다. 발한에 따른 두통, 어지러움, 관절의 통증에도 효과가 있고, 고혈압과 눈의 피로에 효과가 좋다. 피로할 때는 주저 없이 국화를 꽂꽂이해서 방에 두고 향기를 즐기도록 한다.

● **백합**　백합을 이용하면 목이 마르고 몸이 나른해지는 등 당뇨병 특유의 증상이 개선된다. 백합을 방에 꽂아두면 백합의 방향성분이 발산되어 불쾌한 증상들이 없어진다.

● **봉선화**　동양의학에 따르면 설사 멈춤, 해독작용이 있고 특히 분홍색 봉선화는 비허를 보해 주는 효과가 있다. 생선가시가 목에 걸렸을 때 씨를 빼서 가루로 만들어 마시면 곧 빠진다. 달인 물을 벌레 물린 곳에 바르면 치료가 빨라진다.

● **살구**　말린 살구 씨를 씹어 먹으면 천식발작이 가라앉고 뜨거운 물에 꿀을 타서 마시면 더욱 좋다.

● **선인장**　즙을 한 잔 정도 마시면 구토를 일으키는 위통이 가라앉는다. 고통스런 기침을 멎게 하고 체질 개선과 변비에도 효과가 있다.

● **장미**　예로부터 향수의 원료로 사용되어 왔다. 달콤한 향이 신경의 긴장을 풀어준다. 향기는 콩팥을 강하게 하여 밝고 유쾌한 기분을 갖게 해준다. 신경 안정 작용을 해서 숙면에 도움을 준다. 장미의 향은 꽃보다 잎에서 더 많이 나오므로 꽂꽂이할 때 잎을 너무 많이 떼어내지 않도록. 습도 조절작용이 활발해 건조한 겨울철에 장미를 들여놓으면 좋다.

● **제비꽃** 　고혈압에 효과가 있다. 뜨거운 물에 띄우거나 국으로 해서 먹는다. 진하게 걸러낸 즙에 포를 담가서 통증이 있는 곳에 붙이면 부기가 금방 빠진다. 타박상에도 좋다. 피로해진 눈에 특히 효과적이다.

● **치자** 　말린 치자열매를 20개 정도를 달여 마시면 목의 통증이 순식간에 사라진다. 심한 편도선염이나 입 안이 헌데도 좋다. 피로나 짜증, 소변이 잘 나오지 않고 부기가 있는 사람은 치자꽃을 방 안에 놓아두면 좋다.

● **해바라기** 　씨앗을 볶아서 먹으면 심장의 관상동맥경화를 막아준다. 술을 담가 마시면 스트레스 해소에 좋고, 잎과 줄기를 섞어서 술을 담그면 두통을 고치고 눈의 피로를 없애주며 해열자용도 한다. 감기나 위궤양도 치료가 된다.

혼자서 해몽하기

● 뱀　　뱀이 나타나는 것은 앞으로 당신의 인생에서 힘의 기묘한 변화가 있을 것임을 예지하는 것이다. 일반적으로 다른 사람들의 위에서는 권력을 획득하게 되는 것이 뱀의 의미이나 때에 따라서는 배신 혹은 계략에 눈 떠가는 것을 의미하기도 한다.

● 쥐　　쥐는 양면을 가진 예지물이다. 보통 커다란 액운을 의미하지만 반면 당신이 그 액운을 묵묵히 이겨낼 것임을 의미한다.

● 박쥐　　박쥐는 당신이 속한 세계가 아닌 다른 세계로부터의 전령이다. 꿈에서 박쥐를 보는 경우는 대단히 드물다. 그러나 한 번 박쥐가 꿈에 찾아 들고나면 종종 그 꿈을 꾸게 될 것이다. 왜냐하면 다른 차원의 존재가 당신에게 향하는 길을 알아낸 것이기 때문이다. 이로 인해 당신의 삶은 꿈이라는 매개체를 통해 다른 차원의 존재에 의해 영향을 받게 된다.

216

● **돼지**　　돼지는 여신에게 바쳐진 엄청난 성욕의 제물을 의미한다. 당신이 남자라면 이후 많은 여자들 주위를 방황할 것임을 의미하고 당신이 여자라면 남자들을 현혹시킬 성적 매력을 뿜어낼 것임을 의미한다.

● **소**　　소는 이동을 뜻한다. 당신은 어디론가 옮겨가게 될 것이다.

● **나비**　　만약 나비가 꿈에 나타난다면 당분간 액운이나 불운은 당신 곁에 범접하지 못할 것이다.

● **고양이**　　고양이는 직면한 위협을 알려주는 가장 강력한 존재이다. 또한 그런 위협을 지켜낼 내면의 힘을 의미하는 것이기도 하다.

● **까마귀**　　까마귀는 갈등의 조짐을 나타내는 것임과 동시에 계략을 써서 그리한 갈등을 풀어갈 것임을 의미하기도 한다. 혹은 묻어둔 비밀을 의미한다.

● **사슴**　　사슴, 특히 흰색의 사슴은 다른 세계로부터의 전령이다. 그러나 박쥐와는 달리 다른 세계로부터의 호기심을 의미하므로 사로잡힐 염려는 하지 않아도 된다.

● **개**　　꿈에 나타나는 개는 죄의식을 사냥하는 영매이다. 따라서 당신을 괴롭히는 강박관념과 죄의식의 심원을 찾고자 함을 대신 나타내 준다 할 수 있다.

● **독수리**　　독수리는 새로운 지역으로 여행을 떠나게 될 것임을 의미한다.

● **여우**　당신이 누군가를 곤경에 빠뜨리게 할 것이다.

● **개구리**　무언가 남에게 말 못할 음란한 비밀이 생길 것이다.

● **말**　정력적인 생활을 하게 됨을 나타낸다.

*꿈에 나타나는 색의 의미

무지개 빛깔

기독교 전통에서 무지개의 일곱 빛깔은 성령이 교회에 주는 일곱 개의 선물—성사(聖事), 교리, 성무일과, 조직, 기도, 풀 수 있는 힘과 묶을 수 있는 힘—을 상징한다.

색채

—**황금색**　태양의 빛깔, 황금색은 존엄의 상징이며 물질을 통해 표현되는 신적 원리의 상징이다. 이집트인들에게는 태양신 그리고 생명이 의존해 있는 곡식과 연결되었다. 힌두교도에게 황금색은 진리의 상징이었다. 고대 그리스인들은 황금을 이성과 불멸성의 상징으로 보았는데, 불멸성은 신화에서 이아손이 생명의 나무에 걸려 있는 것을 찾아냈던 황금양모로 나타나 있다.

—**파란색**　지성, 평화, 관조의 색조이다. 물과 차가움을 나타내고,

하늘, 무한 그리고 존재가 생겨 나와 다시 되돌아가는 공(空)을 상징한다. 기독교인들에게는 파란색은 하늘의 여왕으로서의 동정녀 마리아의 색깔로 신앙심, 연인 그리고 세례의 강물을 가리킨다. 고대 그리스인들과 로마인들은 이 색을 사랑의 여신 비너스의 색깔로 여겼다

—**붉은색**　동물세계를 통해 드러나는 것과 같은 생명력을 상징하는 붉은색은 몸을 뚫고 세차게 흐르는 에너지이며 얼굴을 달아오르게 만들고 감정이 사납게 흥분할 때면 눈앞에서 빙빙 도는 색깔이다. 붉은색은 전쟁 그리고 전쟁을 다스리는 신 마르스와 모라 신들 중에서 가장 위대한 신인 주피터의 색깔이다. 그것은 남성성과 활동성의 색깔이다. 중국인들에게는 행운을 나타내고, 기독교인들에게는 그리스도의 수난을 나타낸다.

—**초록색**　감각적인 생기를 상징하는 초록색은 성장뿐만 아니라 쇠락까지를 포함한 자연을 뜻하기도 한다. 질투심과도 연결되어 있어서 초록색은 모호한 색깔이다. 긍정적인 연관성은 영혼이 죽음의 안개를 통해 옮아가는 곳이라고 하는, 켈트인의 복자들의 섬, 티르 난 오그와의 연관성이다.

—**보라색**　붉은색의 힘과 권위와 푸른색의 고결함과 지혜를 합친 것인 보라색은 가장 신비로운 색깔이다. 명상의 초점으로 사용되면 그것은 의식을 보다 높은 차원으로 상승시킬 수 있다. 보라색은 또한 슬픔과 애도를 나타낸다. 나르시스의 사랑을 애타게 갈망하는 요정 에코가 보

라색을 걸치고 있다.

— **검은색**　서양에서 검은색은 죽음, 슬픔, 지하세계의 상징이다. 검은 고양이를 행운의 전조로 보는 것은 비교적 근대적 개념이다. 힌두교도에게 검은색은 시간 그리고 파괴의 여신 킬리를 나타낸다. 이집트인들에게는 재탄생과 부활의 색깔이었다.

— **하얀색**　하얀색은 순결성, 처녀성 그리고 초월적인 것을 표시하지만 또한 죽음의 창백한 빛을 나타내기도 하며, 동양에서는 애도의 빛깔이다. 티베트인들에게는 하얀색은 깨달음을 향해 올라가는 것을 나타내는 '세계의 중심에' 있다는 산, 수미산의 빛깔이다.

— **노란색**　황금색의 특질이 어느 정도 비치기도 하지만, 불성실함, 배신을 암시히기도 한다. 노란색 깃발은 질병과 검역을 상징하기 위해 이용되었다. 그러나 중국에서는 황제를 위해 바쳐진, 국민적인 색깔이었다. 불교도에게는 노란색은 겸손의 색깔이었다. 그래서 수도승의 예복이 선황색에 사용되었다.

주술적 의미로 보는 나의 별자리

불의 궁

양좌

기간 : 3월 21일~4월 19일

상징 : 거세하지 않은 숫양

지배성 : 화성

양좌는 충동적, 정력적, 역동적, 진취적, 탐험적이지만, 통제되지 않고 파괴적인, 원시적 형태의 불이다. 양좌의 에너지는 그것의 통로를 내줄 수 있는 어떤 외부적인 힘을 필요로 하는데, 그 힘을 제공해 주는 것이 양좌의 지배성인 화성이다. 화성은 한 사람의 자기 자신에 대한 의식, 그를 나머지 다른 사람들과 구분시켜 주는 그 자신의 개인적인 본성에 대한 의식을 나타낸다. 양좌의 기호는 양의 두 뿔, 혹은 사람의 코와 두 눈썹을 묘사한 것인데, 코와 두 눈썹은 우리의 개인적인 본질을 상징한다.

숫양의 특징은 잘 알려져 있다. 용감하고 맹렬한 숫양은 관심을 일으키는 것을 향해 머리를 숙이고 아주 단호하게 덤벼든다. 돌진하는 숫양은 봄이 시작될 때 곡물이 맨 처음 싹 터 나오는 것을 나타내기도 한다. 양좌는 태양 에너지가 되살아나는 것이고, 그래서 전통적으로 황도대의 첫 번째 좌로 보여지는 것이다. 아랍의 천문학자 아부마사르는 태양, 달, 수성, 금성, 화성, 목성, 토성이 모두 양좌에서 합(合)이 되어(하늘의 같은 부분에) 있을 때 천지창조가 일어났다고 믿었다.

사자좌

기간 : 7월 23일~8월 21일
상징 : 사자
지배성 : 태양

사자좌는 자신과 접촉하게 되는 모든 것을 비춰주고, 따뜻하게 해주면서 꾸준하게 빛을 발하며 타는, 통제되고 고정된 측면의 불이다. 사자는 생명, 힘, 활력, 왕의 위엄, 자부심과 용기를 상징한다. 사자는 짐승들의 왕이며, 행성들 중에서 가장 힘 있는 태양에 의해 지배된다. 사자좌는 양좌의 권위보다 더 환하고 더 안정된 종류의 권위를 가리키며, 그것은 또한 야망과도 연결되어 있어서 극단적인 형태가 되면 포악함으로 나타날 수도 있다. 사자는 수많은 문장(紋章)에서 드러나듯 권력, 남성다움, 지도자 신분 등을 나타내는 어디서나 가장 흔히 볼 수 있는 상징들 중의 하나이다.

고정궁인 사자좌는 곡식을 수확할 수 있도록 익어가게 하는 한 여름의 열기를 보유하고 있다. 따라서 사자좌는 모든 에너지가 흘러나오고 모든 생명이 나온다는 만물의 중심에 있는, 생명을 주고, 모든 것을 보는 아버지를 나타낸다. 사자좌의 기호 아래의 두 원은 신의 의지와 인간의 의지 간의 연결고리를 나타낸다.

물의 궁

사수좌

기간 : 11월 22일~12월 21일
상징 : 켄타우로스/사수
지배성 : 목성

불 유형들 중의 세 번째인 사수좌는 다른 두 유형의 특질을 갖고 있는데, 보다 정제되고 확장된 형태로 갖고 있다. 따라서 사수좌는 양좌의 시발시키는 힘을 갖고 있지만 그 힘이 실행되는 방식은 보다 통제되고 세련된 것이다. 사자좌의 야망과 지배력은 보다 정신적이고 덜 자기중

사자는 짐승들의 왕이며, 행성들 중에서 가장 힘 있는 태양에 의해 지배된다. 사자좌는 양좌의 권위보다 더 환하고 더 안정된 종류의 권위를 가리킨다.

심적인 목적을 향한 것으로 변한다.

죽지 않는 켄타우로스는 인간의 보다 높은 정신적 능력과 말의 신체적 힘의 결합을 나타낸다. 사수좌 기호는 문명이 세워질 수 있는 도덕적 기반, 영감의 화살을 나타낸 것이다.

사수는 목적의식을 가진 본성, 목표물을 맞힐 수 있는 능력을 상징하고, 활과 화살은 힘의 상징이다. 양좌, 사자좌와 마찬가지로 사수좌는 통솔력을 상징하는 궁이지만, 다른 사람들의 욕구와 생각을 잘 받아들이며 그것들에 대해 열려 있는 태도와도 연관된다. 사수좌는 들떠 있는 성질을 드러내는데 이것은 부분적으로는 양좌와 함께 갖고 있는 탐험적인 정신으로부터 오는 것이기도 하지만 사수좌 성격이 갖고 있는, 탐구하는 정신적 측면으로부터 오는 것이기도 하다. 이것은 새해가 되기 전에 마지막으로 나타나는 궁이고, 그래서 가을에서 겨울로 바뀌는 과도기를 표시한다.

물고기좌

기간 : 2월 20일~3월 20일

상징 : 물고기

지배성 : 해왕성/목성

물은 깊고 신비하고 고요하고 가라앉아 있을 수 있다. 현대 심리학에서 그것은 무의식의 에너지를 상징한다. 양좌가 원시적 형태의 불인 것처럼, 물고기좌는 가장 유동적인 형태의 물이다. 물고기좌는 정서적이고 민감하고, 모호하고 비세속적인 특징을 갖고 있고, 신비한 꿈의 세계에 잘 빠지고 미지의 것들에 이끌린다. 그와 동시에 물처럼, 물고기좌적 성격은 대단히 잘 적응할 수 있고, 까다로운 상황에 자신을 맞출 수 있다. 물은 또한 다른 사람들을 향해 흐르는 것을 떠올리게 하므로 이것 역시 물고기좌의 한 측면인데, 그러한 유순하고 동정적인 성질은 잘 상처받는 취약함으로 나타날 수도 있다.

물고기좌는 한 해 중 늦겨울과 이른봄에 비가 내려 봄의 분출하는 활동(양좌)을 위해 대지를 준비시키는 시기이다. 가장 단순한 차원에서는, 물고기좌의 기호는 두 마리의 물고기를 나타낸다. 보다 비의적(秘義的)인 차원의 해석에서는, 한 호(弧)는 인간의 유한한 의식을, 다른 하나는 우주의 의식을 나타낸다. 두 호를 가로지르는 선은 지상으로서, 생명의 영적 영역과 물질적 영역이 만나는 지점이다.

게좌

게좌는 보다 더 고유하고 보다 더 통제된 측면의 물이다. 게좌적 성격은 물고기처럼 민감하고, 다정하고, 정서적이지만, 다른 사람들과의 관계에 덜 상처를 받으며, 사교적으로 의사소통을 할 자세가 더 잘 되어 있다. 달의 지배를 받는 게좌는 모든 물의 궁과 연관된 깊이를 갖고 있기도 하지만, 격해지기 쉬운 측면도 갖고 있다.

게좌가 나타내는 또 다른 특질은 정신적 독립심, 건전함, 침착함, 투명한 통찰력, 신뢰성이다. 정적이라는 것은 전통을 사랑한다는 것을 떠올리게 하는데, 다른 모든 물의 궁과 마찬가지로 강하고, 상상력이 풍부하고, 직관적인 측면을 갖고 있다.

게좌는 어머니 세계이다. 그리스 신화에서, 게는 어머니 여신인 헤라로부터 하늘에 자기 자리를 얻는다. 게좌는 1년 주기에서 가장 중요한 사건인, 하지의 시기이다. 고대 철학자들은 게좌를, 영혼이 하늘에서 내려와 인간의 몸 안으로 들어가게 되는 '인간들의 문'과 같은 것으로 보았다. 게좌의 기호는 남성의 원리와 여성의 원리(정자와 난자)의 합일을 나타낸다.

전갈좌

기간 : 10월 23일~11월 21일

상징 : 전갈/독수리

지배성 : 화성/목성

황도대에서 가장 깊고 가장 정서적인 궁인 전갈좌는 모든 물의 궁이 갖고 있는 고요함과 더불어, 자기 자신을 단련시키는 강력한 힘을 갖고 있다. 내면세계로 향해 있는 전갈좌의 성격은 전갈좌의 꼿꼿함과 투명한 통찰력과 함께 물고기좌의 직관적 능력을 갖고 있다. 전갈좌는 고집스럽게 자기 목적을 따라가는, 강하고 종종 깊숙이 뒤로 움츠러들어 있는 성격을 상징한다.

진갈은 다른 사람들의 약점을 알아차리는 건, 그들에게 영감을 불어넣어 줄 수 있는 힘을 통해서건 다른 사람을 찌를 수 있는 능력을 나타낸다. 물과 공기의 힘을 결합해 갖고 있는 독수리는 영적 변모를 성취하고 가장 높은 곳과 가장 깊은 곳에 이르기까지 내면세계의 이해에 다다를 수 있는 능력을 뜻한다.

화성은 전갈좌에 목적을 가진 커다란 힘을 가져다 주는 반면 명왕성은 질투심과 고유욕을 가져올 수 있다. 고정궁인 전갈좌의 시기는 가을이 깊어질 때이다. 동물들은 (전갈로부터) 물러나 동면으로 들어가고 그 동면을 거처 다시 살아나게 될 것이다. 전갈좌의 기호는 남성 생식기관을 나타내며 또한 처녀좌가 상징하는 부분, 즉 뱀을 보완한다.

공기의 궁

물병좌

기간 : 1월 21일~2월 19일

상징 : 물 나르는 자

지배성 : 토성/천왕성

물병좌는 가장 자유롭고, 가장 잘 퍼지는 형태로 공기 원소를 보여준다. 이것이 물병좌 성격에 보편성의 의식을 주고, 선행과 다른 사람을 돕는 일로 이어진다. 사실상 물병좌는 황도대에서 가장 인도주의적인 궁이다(동정적이고 앞을 내다보며, 희망적이고, 공동체와 공동의 목적에 대한 의식으로 가득 차 있다). 그렇긴 하지만 이러한 사회적 차원에도 불구하고, 어떤 과묵함을 가지고 있는데, 이것은 부분적으로는 이 궁을 공동지배하는 토성의 존재 때문이다.

물병좌가 나르는 물은 지식의 물이며, 그것은 배움을 얻고자 하는 것뿐만 아니라 그 지식을 함께 누리고자 하는 갈망을 상징한다. 물병좌 기호의 들쭉날쭉한 두 선은 지혜의 뱀들(직관과 합리적 추론)을 상징할 수도 있고 의식의 수면 위에 나타나는 파장으로 해석됨으로써 커뮤니케이션을 나타내는 것일 수도 있다. 물병좌가 배움을 사랑하는 것은 이 궁의 공동 지배성인 천왕성의 존재에 힘입은 것이라고 한다. 천왕성은 또한 독창적이고 창의력이 풍부한 기질, 과학과 기술 지향적인 성향, 문제 해결을 위한 단도직입적인 접근법 등을 공한다.

쌍둥이좌

기간 : 5월 22일~6월 23일
상징 : 천상의 쌍둥이
지배성 : 수성

물병좌가 추구하고 퍼져기는 측면의 공기라면, 쌍둥이좌는 잘 변화하고, 변덕스럽고, 잽싼 형태의 공기이다. 때때로 황도대에서 가장 어린아이 같은 궁으로 통하는 쌍둥이좌는 다른 사람들과 관련을 맺고자 하는 커다란 욕구를 보인다. 이 궁은 모순을 상징하고, 쌍둥이는 서로 반대편 극단으로 갈라지는 경향을 가리킨다. 쌍둥이좌는 적응을 잘 하므로, 자기 자신의 모순적인 본성에 불편해하지 않는다. 다른 공기의 궁과 마찬가지로, 쌍둥이좌는 감정보다는 지성에 더 강하게 연결되어 있다.

이 좌의 기호는 로마 숫자 ii를 닮았는데, 전통적으로 이중성을 상징한다. 스파르타 인들은 전쟁 상태가 될 때의 자기들의 쌍둥이 신을 묘사하기 위해 이 기호를 사용했다. 이 기호는 하나는 직관적이고 하나는 합

SCARS

리적인 두 영혼이 보다 큰 창조성을 얻기 위해 하나로 결합하는 것을, 혹은 마음과 정신의 합일을 상징한다.

흙의 궁

천칭좌

기간 : 9월 23일~10월 22일
상징 : 저울
지배성 : 금성

그 상징이 암시하듯, 천칭좌는 정의와 가장 밀접한 연관을 가진 궁이다. 천칭좌 성격은 물병좌의 인도주의와 쌍둥이좌의 호기심을 겸해 갖고 있고, 그것들과 또 다른 특질을 어떤 균형 상태로 유지한다. 다른 공기의 궁과 마찬가지로, 지력(智力)을 구현하고 있는데, 그 고유한 균형이 삶에 대한 엄격한 합리적 접근으로 직관적인 것을 뒤덮어버리는 것을 막아준다.

그것은 또한 물질적인 것과 영적인 것의 평형을 나타낸다.

그 지배성인 금성의 존재는 천칭좌를 아름다움, 질서 그리고 중재의 기반인 융화의 감정과 연결시킨다. 천칭좌가 가진 균형의 부정적 측면은 우유부단한 경향이다.

이 좌의 기호는 태양이 수평선 위로 가라앉으면서 1년 주기에서 밤이 지배하게 되는 것을 나타낸다.

염소좌는 흙의 정수로써 안정성, 구조물과 연관되어 있다. 이것은 염소좌 성격을 조심스럽고, 실제적이고, 질서정연한 것으로 만든다. 그러나 염소는 완고함, 혹은 보다 긍정적인 측면으로는 결연함과 자기 관련을 상징하기도 한다.

토성의 존재는 침착하게 만드는 영향력을 제공해, 염소좌 인물에게 꼼꼼하고 진지한 태도(훌륭한 학자의 바탕)를 심어준다. 지배성인 토성은 혼자 있는 것을 좋아하게 하고 종종 어둡고 음흉한 측면을 가져다 준다. 염소좌의 신비한 측면을 가장 잘 드러내주는 것은 아마도 대지 미스터리와 자연의 숨겨진 힘에 대한 어떤 관심일 것이다. 염소좌를 나타내는 원래의 상징(산 염소가 아닌 염소, 물고기)은 지상의 모든 자원(육지와 바다)을 자기 마음대로 이용할 수 있는 데서 오는, 커다란 지혜로 다가가는 접근 수단을 갖고 있는 신화상의 짐승이었다. 이 좌의 기호는 육지와 바다의 이원적 성질을 나타낸다.

염소좌의 시기 동안에는 대지는 겨울로 접어들고, 생명은 곰을 위한 준비를 하며 내부를 들여다본다. 이것은 동지 때이고 그리하여 태양이 다시 한 번 상승하기 시작하므로, 염소좌는 '신들의 문'이다.

황소좌

기간 : 4월 20일~5월 19일
상징 : 황소
지배성 : 금성

황소좌는 보다 잘 눈에 드러나는, 지상적 측면의 크기이다. 황소좌의 완고함은 여기서는 방어적인 태도가 아니라. 용기와 힘으로 표현된다. 황소처럼 황소좌는 불 같고, 다루기 어렵고, 굳세지만 또 어떤 때에는 믿음직스러운, 능력 있는 황소적 측면이 전면으로 나오기도 한다.

지배성으로서의 금성의 영향은 황

소좌의 자연적 아름다움에 대한 심미안을 갖게 해준다. 금성은 또한 강한 성적 동기를 부여해 주는데 이것은 황소가 가진 지상적 측면과 생식 능력과 합해져 강한 관능성을 낳는다. 이것이 억제되는 것은 다만 이 황소좌와 연관된 타고난 조심성 때문이다. 황소좌에게는 질투심과 소유욕이 많은 측면이 있지만 너그럽고 친절한 면도 있다.

이 좌의 기호는 만월과 초승달의 형상을 하고 있다. 만월은 발육과 생식이라는 부수 원리를 가진 천상의 어머니이고, 한편 위로 향한 초승달은 물질적 소유물을 끌어 모으는 것을 가리킨다. 황소좌는 지상에 얽매여 있는 인간을 묘사한다. 봄이 한창인 황소좌는 또한 자연의 창조적 힘에 대한 완전한 깨달음을 나타낸다.

처녀좌

기간 : 8월 22일~9월 22일
상징 : 처녀
지배성 : 수성

처녀좌는 응용의 좌이다. 염소좌가 땅의 내부 장소, 황소좌가 땅의 표면과 관련된 것이라면, 처녀좌는 땅이 어떻게 만들어져 있으며 그것을 무엇에 이용할 수 있을 것인가와 관련된다. 그것은 땅의 본성을 연구하기 위해 그것을 떼어내고 그런 다음 그것을 빚어 인간의 필요에 맞춰 그 모양을 변화시키는 것, 즉 변형을 나타낸다.

처녀좌 성격은 분석적이고, 종종 지나치게 비판적일 수 있다. 처녀좌의 상징은 너무도 엄밀하게 판별하는, 따라서 구혼자들이 부적당하다는 이유로—사실이건, 상상에 의한 것이건—그들을 모두 퇴짜놓는 경향을 나타낸다. 이것이 처녀좌적 인간성을 다른 사람들에게 불편한 존재로 만드는데, 그 지배성인 수성의 존재가 가만히 있질 못하는, 신경질적인 긴장을 더해 주므로 특히 그러하다. 긍정적인 면으로는 처녀좌는 믿을 만한 신뢰성과 진지함과 연관되어 있고, 땅의 깊숙한 곳들이 갖고 있는 힘과 땅 표면의 번식력과 풍요로움을 겸비하고 있다. 그것은 인간이 자기 노동의 대가를 수확하는, 대지 위의 커다란 활동을 뜻한다.

이 좌의 기호는 여성 생식기, 혹은 뱀의 머리와 부분 몸통을 나타낸다.

3
동양 무속

부정한 영을 쫓는 물건들

귀신의 약점은 어디에 있을까?

동서양을 막론하고 귀신이 햇볕을 싫어한다는 생각에는 변함이 없다. 햇볕은 밝음(陽)의, 긍정의 세계, 귀신은 본래 어둠(陰), 부정의 세계에 사는 존재이니 어쩔 수 없을 터이다.

살아 있는 닭 한 마리를 항상 휴대하는 것이 좋은 방법. 또 한 가지는 복숭아나무로 만든 몽둥이가 있다.

동양에서는 복숭아나무에 벽사(壁邪)의 기능이 있다고 했다. 무당들이 굿을 할 때도 잡귀들을 물리치기 위해 이 복숭아 나뭇가지를 흔든다. 또 집안에는 복숭아나무를 심지 않는 것이 관습으로 되어 있다. 제사 때 조상들이 찾아오지 못하기 때문이다.

이 외에도 부적이나 주술 같은 것들이 있으나 부적은 돈이 많이 들고 주술은 골치 아프게 외워야 하는 단점이 있으니 복숭아 나뭇가지를 휴대하고 다니는 것이 경제적이지 않을까 한다.

닭 열쇠고리

홍콩 마카오에서 새해 선물로 주고받는 칠보문양의 닭이 그려진 열쇠
고리. 악운을 가져오는 혼령이 새벽을 알리는 닭 모습을 보고 비켜간다
고 믿는다.

아기 은팔찌

나병이 유행하던 시절 갓 태어난 아기를 산채로 고아 먹으면 병이 난
다는 속설 때문에 아기들이 도난당하던 때가 많았다. 아기가 안전하게
있는지 확인하기 위해 발과 팔에 순은으로 된 은방울 팔찌를 달아놓으
면 전염병과 악령으로부터 아기를 보호할 수 있다고 해서 한때 아기 백
일 선물로 유행하기도 했다.

코끼리 장식

인도의 동북부 지방에서 유행하는 향 마누로 만든 코끼리 마스코트.
인도는 고대 왕조 때부터 왕이 자신을 위한 궁을
지은 석공들을 생매장하거나 설계 비밀을 그대로
간직하기 위해 죽이기까지 했다.

억울하게 죽은 혼령들은 가끔 문화재를 구경하
는 사람들 앞에 모습을 드러내기도 하는데 그런
혼령을 본 사람은 곧 설사병이나 열사병을 앓는다

고 한다. 향이 나는 코끼리는 귀신들로 하여금 단순히 지나가는 손님임을 알리는 의미로 지니고 다닌다.

청동문양 열쇠고리

중국의 만리장성을 구경할 때 그믐날이 되면 혼령을 보는 사람들이 많다. 혼령을 보고 나면 몸이 아프거나 사고를 당한다. 만리장성의 모습을 담은 청동 열쇠고리를 사는 이유는 혼령들에게 서로 다른 세계의 존재임을 알리는 작용을 하기 때문이다. 이 열쇠고리를 착용하고 있는 사람들은 절대 혼령을 보지 못한다고 한다.

부적

동양권에서 주로 사용되는 액운을 쫓는 부적. 강시 귀신이 통통 다가오거나 자꾸 눈앞에 귀신이 아른거릴 때 부적을 붙이면 신비한 효과가 일어나 귀신이 접근을 못한다. 부적의 효과는 이를 진심으로 믿는 사람들에게서 더 잘 나타난다고 한다.

십자염주 목걸이

드라큘라와 악령이 제일 싫어하는 십자가 목걸이. 외국 출신 귀신들에게는 효과가 있을지 몰라도 토종 귀신, 억울하게 죽은 처녀, 총각 귀신한테는 별 효과가 없다.

오색 실, 오색 천

영들이 오방에서 자신을 죽이러 온다고 생각해서 범접하지 못한다.

복숭아나무, 마디가 있는 대나무

복숭아나무 : 전래에 의하면 동쪽에 뻗은 복숭아 나뭇가지는 잡귀를 쫓으며 미친 병을 제거하는 데 효험이 있는 것으로 알려져 있다.

대나무 : 영을 가두는 데 쓰인다.

팥, 고춧가루, 바다 소금

팥과 고춧가루는 영에게는 불 같은 효과가 나타나며 바닷물은 영이 숨을 못 쉬게 한다.

신문

세상의 온갖 글씨가 다 있다 하여 집안의 부정한 것을 칠 때 신문에 싸서 태우면 잡귀도 같이 사라진다고 여긴다.

악몽을 피하는 법

1. 악몽을 꾸고 나서 아무 말을 하지 말고 해가 떠오를 때 입 속에 물을 한 모금 넣고 '푹' 하고 뿜고 말하길 "흉몽과 악몽은 금시 일체 소멸하라. 급급여률령" 이렇게 세 번을 거듭하면 악몽이 소멸된다.

2. 악몽을 꾸고 나서 즉시 베개를 앞으로 세 번, 뒤로 세 번씩 돌리면서 "악몽 박멸" 이렇게 세 번 하면 된다.

불운이 계속될 때

1. 불단이나 신단에 매월 1일과 15일에 소금을 놓았다가 다음 날에 반은 온몸에 뿌리거나 욕실에서 물을 타서 씻고 나머지는 현관 밖에 뿌린다. 이렇게 3개월을 계속하면 서서히 막힌 운이 열린다.

2. 외출할 때 작은 주머니에 소금을 넣고 먹지 않으면 원하는 일이 이루어진다.

3. 일진이 자기 띠와 같은 날은 소금을 먹지 않으면 원하는 일이 이루어진다.

4. 운이 너무 막혔을 때는 마재부를 자기 연령과 같은 개수대로 만들어 태운 후 그 재를 물에 타서 몸을 씻으면 곧 운이 돌아온다.

5. 또는 고사를 올리되 집 서쪽에 차려놓고 운을 열어달라고 정성을 다하면 효과가 있다(본인의 화해, 절명일을 피하고 택일력에 고사일을 택할 것).

6. 순금부를 내려서 사업장이나 점포 출입문 위에 붙이고, 나머지 한 장을 몸에 지니면 사업이 번창한다.

혼자서 영(靈) 부적 만드는 방법

1. 마음속 깊이 한 가지만 바라야 하고 효과를 의심하거나 마음이 흔들려서는 안 되며, 진심으로 정신을 통일하고 기를 집중해야 효과가 있다. 이 영부를 쓸 때에는 절대 타인이 봐서도 안 되고 햇빛을 봐서도 안 된다.

2. 부적을 내리는 장소는 조용하고 정돈된 곳이어야 하며 시간은 인시(새벽 3시~5시까지)가 가장 좋다. 흔히 자시(12시~3시)가 좋다고 하는데 이때는 사기(邪氣)가 발동하는 시간이므로 피하는 것이 좋다.

3. 부를 내릴 때 주의사항은

   첫째, 술·담배·마약·각성제를 금하고 몸이 아프거나 몹시 피곤한 날은 피해야 한다.

   둘째, 태풍·천둥처럼 큰 소음이 있을 때와 추운 방 더운 방은 피해야 한다.

   셋째, 부적을 내릴 때에는 몸과 옷을 정갈히 한다. 단 여자는 월경이 있을 전후 3일은 피해야 한다.

4. 붓은 새 붓으로 쓰되 한 종류의 영부 밖에는 사용할 수 없고 여러 가지 영부를 쓸 때에는 그 수만큼 새 붓을 준비해야 한다.

5. 재료는 먹이나 붉은 먹물로 쓰며 근래는 주사로 쓰고 있으나 반드시 주사로 써야 효력이 있는 것은 아니고 얼마나 정성을 들여 기(氣)가 주입됐느냐에 따라 효과가 있는 것이다.

6. 부적은 한 획이라도 빠져서는 안 되고 선도 덧선을 그려서는 효과가 적으며 정확히 그려야 한다.

7. 부적을 쓰다가 잘못된 것은 함부로 버리지 말고 모아두었다가 깨끗한 곳에 태워야 하며, 한번 사용한 붓은 깨끗이 씻어 백지에 싸서 두고 먹물, 주사를 사용한 그릇도 깨끗이 닦아두어야 한다.

8. 부적을 내리고 나서 부적 옆에 반드시 생년월일, 성명과 소원을 써넣고 주문을 한 후에야 영부의 효력이 난다.

9. 종이는 괴황지, 물은 녹각교를 녹인 물, 주사는 경면 주사를 사용한다.

10. 몸에 지니는 부적은 남자는 왼쪽, 여자는 오른쪽에 지녀야 하며 붙이는 것은 대문, 현관문, 방문 위와 또는 벽에 붙인다. 부적에 따라 장롱, 천장, 금고 등에 붙이는 것이 있다. 특히 효력을 보려면 북쪽, 동쪽, 동남쪽에 부적을 붙여놓고 그 앞에 청수, 소금, 쌀을 차린 후 매일 한 번씩 소원을 합장하고 축원한다.

부적은 기를 모으는 역할을 하며 더 나아가 정화하는 작용을 한다. 기의 흐름에 따라 서로의 전달 체계로서 보호하거나 혹은 방어, 공격의 성향이 작용되도록 만들어놓은 것이 부적이다. 모든 부적이 비밀스러워야 그 신통함을 발휘하는 것은 아니며, 보통은 향과 같은 기의 파장이 있을 때 매우 강한 성향으로 그 효험을 갖는다.

부적의 경우 병행이 되면 그 효험 자체가 사라지기 때문에 예를 들어 사악한 귀신과 액을 물리치는 부적에 소금기가 묻는다거나 소금을 뿌리면 그것은 부적으로서 효험 자체를 상실하게 된다(소금은 도가에서 귀신을 물리치는 힘이라 하여 풍류도인들이 사용하던 주술이다).

사람들은 보통 부적의 의미를 모르기 때문에 집의 벽에 붙이거나 혹은 몸에 지니는데, 무조건 부적을 올바르게 사용한다고 생각하면 안 된다. 부적은 그 나름대로의 효력이 있기 때문으로 부적이 있다면 몸에 향을 지니거나 종이를 향에 싸면 아주 좋은 효과를 발휘하게 된다.

그러나 가장 중요한 것은 자신의 몸에서 그것이 좋은 기운으로 기의 흐름을 갖게 되느냐이다. 그렇기 때문에 사람에 따라서 그 기운에 따른 부적을 사용하는 것이 옳으며 자신이 만드는 것도 그리 나쁜 것은 아니다. 보통 도가나 불교에서 스스로 부적을 만든 것이 그러함 때문이 아닐까 한다.

삼재 푸는 법

(드는 삼재, 묵는 삼재, 나는 삼재)

삼재 드는 해 입춘 일이나 정월 보름 안에 풀어야 한다. 밥상 위에 백미 한 말, 백반 세 그릇, 웃옷(내의), 백지 한 권(20매), 삼재부 석 장을 차려놓고 삼재경•을 세 번 읽고 삼재부 한 장을 태우고 삼재 푸는 자의 주소, 생년월일, 성명을 부르면서 이어 금년 삼재일체소멸을 세 번하고 삼재부 한 장을 사르고 백지 한 장 속에 삼재부 한 장과 웃옷을 싸서 같이 소각히면 된다.

삼재경(念災經) :
백미 쌀 위에 초, 향을 피우고 시작하는 것을 잊지 말도록 한다.

삼재경

삼재팔란 불침부동 천회삼재 고진과숙

작희삼재 태을삼재 관재구설 삼재소멸

수재화재 삼재소멸 횡액렬액 삼재소멸

부모형재 작희 삼재소멸 자손남녀 작희

삼재소멸 노비우마 전잠작희 삼재쇠멸

태세삼재 태양삼재 태음삼재 상문삼재

관부사부 세파삼재 용덕삼재 백호복덕

조객삼재 소면 신명조어 작희 삼재소멸

생기복덕 절명삼재 절체삼재 천의삼재

화해귀혼 본궁삼재 삼재소멸 위길렬명

삼재소명 여아　　차인신명 감불침범

차오제액귀　삼재 살신등　착가엄형

일시소멸 급급여률령

나무천관 조신 ○○생 이름 삼재일시소멸

나무지관 조신 ○○생 이름 삼재일시소멸

나무수관 조신 ○○생 이름 삼재일시소멸

나무화관 조신 ○○생 이름 삼재일시소멸

나무연관 조신 ○○생 이름 삼재일시소멸

나무월관 조신 ○○생 이름 삼재일시수멸

나무일관 조신 ○○생 이름 삼재일시소멸

나무시관 조신 ○○생 이름 삼재일시소멸

나무천지수화 연원일시 관조신 ○○생

이름 삼재일시소멸 급급여률령

귀신의 종류

귀신의 종류는 정말 다양하다

또한 성격도 가지각색이다 사람에게 해를 입히기도 하지만 수호해 주는 그런 좋은 귀신도 있다.

명도

3세 미만의 말을 제대로 하지 못하는 어린아이들이 죽은 귀신이라고 한다.

보통 영매들이 이 귀신을 접하면 말은 하지 않고 휘파람이나 여러 손짓 말짓을 한다고 한다. 이 귀신은 구천을 떠돌다가 일정한 시간이 되면 승천한다고 한다.

동자, 동녀

주로 무당의 몸을 빌려서 나타나는 해동을 보면 어린아이의 말로 자신의 의사를 전달하는 것으로 보면 되겠다.

분명히 인간적으로 봐서는 자신의 남편인데도 죽은 아이가 그 남편의 형이라고 가정한다면 '아무개야 참말로 무심하다' 하는 식의 말을 하는 것이다. 그리고는 그 귀신이 떠나가면 다시 원상태로 돌아와서 남편이라고 하는 것을 보면 참 묘하다는 생각도 들고, 귀신의 행동을 그대로 하는 것은 역시 나이와 상관없이 모두 일관성이 있는 것으로 생각이 된다. 이 정도의 귀신은 대략 5세에서 15세 사이의 귀신들이다.

몽달귀신

이름은 좀 얄궂어도 총각귀신에게 붙여진 이름이다. 그래서 결혼을 하고 난 다음에 죽으면 몽달귀는 면했다는 말을 하게 되는데, 그렇지 못하면 몽달귀라고 하는 것이다. 여하든 결혼을 하지 않았다는 이유만으로 제사를 얻어먹지 못한다는 것에서 다소 억울한 고혼이라고 봐야 하겠다.

처녀귀신

총각은 그래도 나름대로 경험이라도 해봤을 가능성이 있겠지만 예전의 처녀들은 사정이 그렇지를 못했다. 그래서 죽으면 너무나 억울해서 도저히 그냥 떠나지를 못하고 원한이 되어서 가족들을 괴롭히고 그래서 기어이 총각귀신을

만나서 백년해로하게 되는데, 뭔가 한이 되면 그러한 집념이 결국은 응집되어서 결국 밖으로 풍기는 모양이다.

그래서 처녀의 영혼들이 가장 많이 말썽을 부린다고 하는데, 여간해서는 말도 잘 듣지 않는다고 하는 것을 보면 다루기가 제일 까다로운 영혼이다.

선관도사

대체로 결혼을 하고 자녀를 두고 살다가 떠나게 되면 그렇게 집착을 하지는 않는 모양이다 그래도 뭔가 한이 남은 영혼은 이렇게 선관도사라고 하는 이름으로 다시 무녀의 몸에 실려서 남의 길흉사를 예언해 주고 호구지책으로 삼는 모양이다.

이러한 무녀의 집에는 선관이라고 하는 글이 붙어 있는데, 결혼을 하고 죽으면 이렇게 대우를 받는가 보다.

선녀부인

선녀부인이라고 하는 말을 쓰게 된다면 일단 자녀를 둔 선녀로 이해를 하면 되겠다.

그냥 선녀와 선녀부인은 이렇게 차이가 나는데 역시 아주머니에게도 처녀라고 하면 기분 좋아하듯이, 비록 결혼을 해서 주름살이 많은 늙은 여자 귀신이라도 선녀라고 하면 기분이 좋은 모양이다.

도사

주로 산신도사라거나 계룡산도사라는 이름처럼 뭔가 앞에 이름을 붙인 다음에 뒤에 도사라는 글자가 붙어 있는 무녀의 집은 할아버지의 영혼이 있는 것으로 생각하면 되겠다.

할아버지가 자신의 수명을 누리고 돌아가시면 도사가 되는데, 과연 수명을 누리고서도 저승을 가지 못하고 구천을 헤매는 이유에 대해서는 또 알다가도 모를 일이다. 아무래도 이 땅을 떠나기가 너무 아쉬운가 보다. 그러나 다시 생각해 보면 뭔가 이해가 되기도 한다.

주로 도사는 죽어서 무슨 산에서 도를 닦았다고 하는 말을 즐겨한다.

보살

대체로 보살이라는 이름으로 행세를 하는 할머니 귀신들이 상당히 많다.

그래서 아예 이런 점 집을 가리켜 '보살집' 이라고도 하는데, 의미로 봐서야 참 좋은 뜻이 되겠지만 실제로 그곳에 살고 있는 무녀가 보살이라고 생각할 사람은 아무도 없을 것이다.

그야말로 '보살이 보살이 아니라 그 이름이 보살이니라'의 의미라고 하면 적절하겠다. 이름만 보살이고 실제로는 무녀의 집이 되는데, 보살이라고 하는 것은 선녀와 비교해서 나이가 좀 들었다고 생각을 하면 되겠다.

터귀신

보통 건축물을 수호하는 귀신이 각각 있다. 그 귀신은 어떤 조건에서 한 번씩은 볼 수 있었을 것이다. 하지만 여러분은 그 귀신이 터 귀신인 것을 모르고 있는 것이다. 터 귀신은 보통 인간에게 해를 끼치지 않으며 자신의 보금자리를 지키는 그런 매너 있는 귀신이다.

달걀귀신

어느 곳에 달걀로 분신을 숨긴 후 때가 되면 거기서 나와 행동을 하는 귀신이다. 그 달걀은 시간이 많이 흘러도 썩지 않는다.

나무귀신

한국의 대부분의 마을에서는 큰 고목을 당목(당산 나무) 또는 도당목이라 하여 마을 전체가 그 나무를 위하고, 명절·산신제·기우제 등을 지냈다. 평소에도 그 나뭇가지를 꺾는 일은 없지만, 특히 제사를 지낼 때는 금줄을 치고 주변에 황토를 뿌리는 등 정결하게 한다. 정약용도 『산림경제』에서 고수에는 귀신이 모여든다 하였고, 중국의 고대전설에는 동해 가운데는 도삭산이 있고 그곳에는 도대목이 있는데 그늘 넓이가 3,000리에 걸쳤다고 하며 여기에 귀신의 무리가 모여 있다는 이야기가 전해 내려온다.

무자귀

무주귀라고도 한다. 자손이 없는 사람이 죽으면 제사를 지내줄 사람이 없어, 망령이 위안을 받지 못하고 고독과 불만 속에서 지내게 되므로, 이러한 영혼은 원귀가 되어 온갖 심술궂은 가해행위를 자행한다고 여겼다. 총각으로 살다가 죽은 사람도 무자귀에 속한다고 한다.

물귀신

대개 물에 빠져 죽은 사람이 귀신이 되어 물속에 있다가 다른 사람을 잡아당겨 익사시킨다고 한다. 예로부터 사람이 물에 빠져 죽으면 그곳에 고사굿을 지내고 물귀신을 위안하여 발동을 막으려는 풍습이 있었다. 한국에서는 사해신이라 하여 동해신은 강원 양양에서, 서해신은

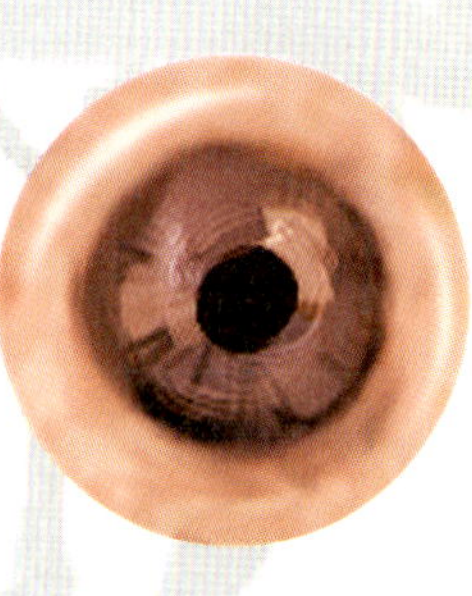

황해도 풍천에서, 남해신은 전남 나주에서, 북해신은 함경 경성에서 음력 2월과 8월에 제사지냈으며, 칠독신이라 하여 전국의 이름난 7곳의 나루터, 즉 서울의 한강, 평양의 대동강, 의주의 압록강, 공주의 웅진, 장단의 덕진, 양산의 가야진, 경원의 두만강 등에서 춘추로 오색축폐를 물에 던지고 제사지냈다. 목적은 수재를 없애고 강물에서 사고가 나지 않도록 국태민안을 비는 데 있었다. 용신도 물귀신의 일종이다.

미명귀

남편에게 못다 한 미련 때문에 후처에게 붙어서 괴롭힌다고 한다. 후처가 병이 들게 되었을 때에 미명귀의 짓이라 하여 무당을 불러 귀신을 달래는 굿을 했다. 또는 근본적으로 퇴치한다 하여 무덤을 파서 시체를 화장하고 큰 굿을 하기도 했다. 미명귀는 남의 아내로 젊어서 죽은 여자의 귀신을 가리켰으나 점차 그 뜻이 확대되어 억울하게 죽은 사람의 귀신·처녀귀신·총각귀신·청춘과부귀신을 통틀어 이른다. 삶의 즐거움을 향유하지 못하고 죽었기 때문에 원귀가 되어 사람을 괴롭힌다고 한다.

손각시

손말명이라고도 한다. 처녀는 인생에 많은 여한이 있으므로 죽어서도 미련이 남아 귀신이 된다는 것이다. 살아서 만족한 생을 보내지 못한 사람은 죽어서 원귀가 되어 살아 있는 사람에게 작용한다는 것이 일반적

258

인 귀신관인데, 손각시도 그런 종류의 하나이다. 그러므로 묘령의 처녀가 죽으면 원혼이 손각시라는 악귀로 변해 다른 처녀에 붙어 다니며 괴롭힌다고 한다.

따라서 예로부터 처녀가 병이 나면 손각시가 붙었다 하여 무당을 불러 처녀의 의복을 전부 꺼내놓고 옷에 붙은 손각시가 다른 곳으로 옮겨 가도록 기도하는 일이 많았다. 처녀가 죽으면 손각시가 되지 않도록 남자 옷을 입혀 거꾸로 묻거나, 가시가 돋친 나무를 관 주위에 넣고 매장하기도 했다. 이 밖에도 사거리의 교차점이 되는 곳에 시체를 은밀히 매장하여 많은 남자가 밟고 지나가게 함으로써 처녀귀신의 못다 푼 정을 달래는 풍습도 있었다.

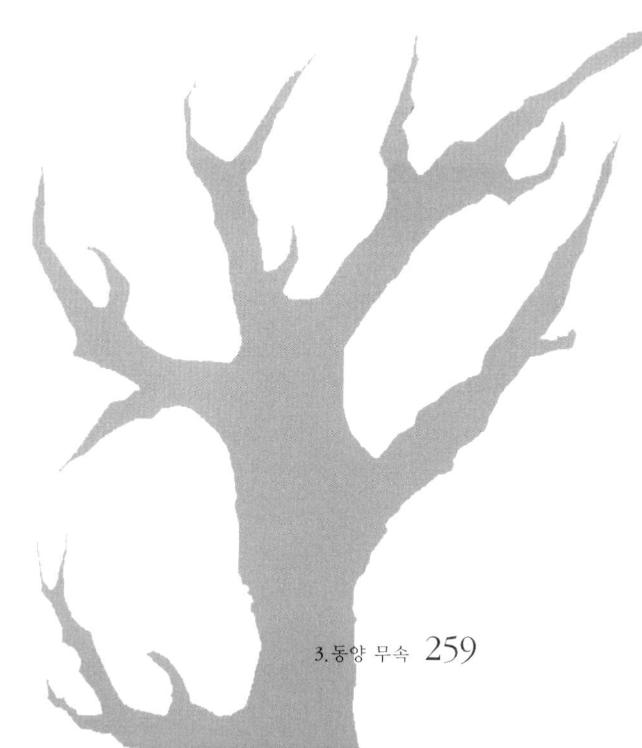

혼령이 있는 곳

생명이 죽은 사고 장소

정말 사람이 죽은 장소엔 꼭 영이 있다.

이 영은 보통 자신이 죽었는지 살았는지도 모르고 그 장소를 떠돈다고 한다. 또한 그 영의 기(氣)에 의해 같은 장소에서 같은 사고가 난다.

차를 타고 가다가 유심히 보면 사고 많은 지역이라는 푯말을 많이 보게 된다.

그곳이 정말 위험한 지형이라서 사고가 날 수도 있지만 그렇지도 않은 지역인데 유달리 사고

가 많이 나는 곳이 있다. 그곳이 바로 영이 떠도는 장소이다. 심령학자들은 도로(도로, 절벽, 강)를 지나다 보면 사고 주위를 맴도는 영을 자주 본다고 한다. 그 얼마나 끔찍한 일인가.

묘지를 뭉개고 세운 건축물

이런 장소는 보통 공포물에 많이 등장하는 장소이다.

건물을 지을 때 기초를 닦는 도중에 장비(포크레인)로 유골을 건드리고는 그 유골을 제대로 처리해 주지 않거나 그냥 대충해 줬거나 묘를 그냥 깎아 그 위에 집을 지었을 경우다.

우리가 잘 일고 있는 파라오의 저주도 자신의 편인힌 안식치를 인간이 파헤쳐서 안식을 깼기 때문에 생겨난 것과 유사하다. 그러나 이런 장소의 영들은 자신의 보금자리(학교, 관공서, 일반 주택)를 그대로 복원만 해주면 다시 되돌아가서 해를 입히지 않는다.

기가 약한 사람이 있는 곳

보통 귀신은 자신보다 기가 더 센 사람에게는 접근하지 못한다고 한다. 그래서 기가 약한 사람이 있는 곳으로 간다. 그래서 그 사람의 기를 차츰차츰 자신의 기로 잡아당긴다고 한다. 실례로 기가 약한 사람이 '가위'에 훨씬 많이 눌린다.

옛날 남이 장군의 실화에서도 볼 수 있는데, 남이 장군이 어떤 병인지 까닭을 모르는 자의 집을 방문했더니 그 병자의 등 뒤에 귀신이 붙어 그 병자의 어깨를 손으로 눌렀다고 한다. 그래서 다가가니 기가 센 남이 장군을 보고 귀신이 기겁을 해 도망갔다는 일화도 있다.

만약 당신이 기가 약하다고 생각되면 오늘 당장 원기를 회복할 수 있는 어떤 처방을 가져야 될 것이다.

수맥이 흐르는 장소

보통 건강 잡지나 채널을 보면 수맥을 차단하는 어떠한 카펫이니 장판이니 하며 많은 광고를 한다. 그만큼 수맥이 흐르는 자리는 인간에게 안 좋다. 더군다나 수맥이 흐르는 곳에는 나쁜 기가 있어 영이 존재한다고 한다. 보통 수맥이 흐르는 곳에서 잠을 잔 사람은 만성 피로에 빠져 있다.

찬 기운이 그 사람의 몸을 해쳤다고 해도 무관하지만 그것보다는 영의 장난(가위)으로 인해 잠을 제대로 못 잤기 때문이라고 한다.

쇠막대 2개로 수맥을 찾는 걸 여러분은 봤을 것이다. 그와 마찬가지로 영을 찾을 때도 그와 같은 반응을 하면 거기에 영이 존재한다고 한다.

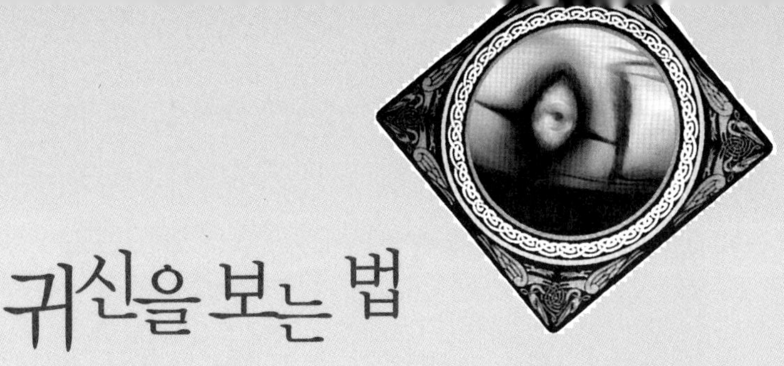

귀신을 보는 법

터 귀신

촛불과 촛불 사이의 간격은 2자(60센티) 정도로 하고 3자 가량 떨어져 앉아서 촛불 사이의 빛이 교류하는 부분을 살펴보면 그 터에 있는 귀신의 모습이 나온다. 이는 영체가 가진 기의 진동이 빛의 파동과 부딪치면서 생기는 영상으로 초보자도 쉽게 알아볼 수 있다.

자신의 귀신

책을 펼쳐 놓고서 눈의 초점을 문단 사이에 맞추고 가만히 살펴보라. 작은 활자보다는 큰 활자 사이의 틈을 3분 정도 응시하고 있으면 문단 사이에 자기를 괴롭히는 귀신의 모습이 드러난다. 자신이 귀신의 피해자가 된 것이 아닐까 의심가는 사람은 한번 해보시라.

전생령

방을 어둡게 한 다음 거울을 앞에 두고서 자기의 모습을 보라.

상대의 빙의령

영능력자들은 본능적으로 이 방법을 쓴다. 한참 상대의 얼굴을 보다가 그 사람의 머리 뒷부분을 가끔 응시한다.

거기에서는 영락없이 상대에게 씐 귀신이 보이기 때문이다. 그러나 상대가 귀신을 달고 다니지 않을 경우는 아무것도 없이 깨끗하다.

추적령

귀신은 옆눈으로 더 잘 보인다. 왜냐하면 망막에 결정되는 상을 보는 것이 아니라 그대로 시신경을 통하지 않고 영상이 느껴지는 것이기 때문이다. 더구나 따라다니는 귀신들은 자기 모습을 감추려고 애쓴다.

그래서 정면으로 보려하기보다는 옆으로 보아야 잘 보인다.

부유령

볼펜이나 바늘 끝을 응시하다가 벽을 응시하라. 첨예한 물건을 보고 있으면 은연중에 시신경이 긴장을 한다.

따라서 휙휙 지나다니는 귀신들은 잘 보이지 않다가도 예민한 영안에 걸려서 상이 맺히는 일이 많다. 말하자면 부유령의 경우에는 이동 속도가 빠르므로 긴장을 해야 보인다는 말이다.

명도

눈을 감고 한참 있다가 갑자기 눈을 크게 뜨고 벽을 보라. 명도들은 한참 떠들고 놀다가 지치면 벽 속으로 들어가 쉰다. 그래서 아이 귀신은 벽을 보면 그대로 드러나는 일이 많다.

성격을 보면 장난기가 많아서인지 금방 뛰쳐나오기도 하는데, 절대로 자극을 주는 일은 없어야 한다.

상대의 전생령

손바닥을 비비다가 방바닥 한 가운데를 잘 응시해 보라. 상대가 앉아

있는 바로 아래 부분에서 상대의 전생 모습이 그려진다. 단 상대가 움직일 때는 불가능하다. 몸을 좌우로 흔들거나 하면 영상이 사라진다.

그리고 상대의 전생을 보았다고 해도 함부로 말하지 말아야 한다.

묘지귀신

묘지에 가서 봉분을 앞에 두고 조용히 앉아서 봉분 위를 살펴보라. 묘지에는 연고가 없는 귀신들이 와서 휴식을 하고 있는 일이 많다. 그 무덤의 영혼과는 상관이 없을 수도 있다.

인연령

칸막이를 하고 저편에 사람을 앉혀두고서 정좌하여 칸막이 벽을 보라. 보려고 하면 보이지 않고 보지 않으려고 하면 더 잘 보인다. 이것이 귀신 투시의 첫걸음이다.

칸막이를 하고 상대가 안 보이는 상태에서 보면 오히려 상대가 가진 인연령의 정체가 확실하게 나타난다.

266

분신사바의 뜻

10년 전이나 지금이나 변하지 않은 중·고등학교의 풍습이 하나 있다. 바로 분신사마이다. 삼삼오오 모여 볼펜을 손에 쥔 학생을 중심으로 둘러앉아 귀신을 불러내는 장면. 아마도 누구나 한 번쯤은 경험해 보았을 것이다.

자신은 정직 겁이 나서 하지 못하고, 늘 하는 친구가 따로 있었던 것도 이 소환술의 특징이기도 하다.

"분신사바 분신사바 오잇데 구다사이"

이 주문에서 오잇데 구다사이(おゐでくたさい)는 일본어의 '말씀해 주십시요' 라는 뜻이 확실하지만 분신사바 또는 분신사마에 대해서는 여러 가지 설이 있다(오딧세이 그라세이라고 하는 사람들이 있는데, 그건 정확하지 않다. 오잇데 구다사이가 정확한 주문이다).

우선 분신이 分身인지 焚身인지 명확하지 않다. 처음의 分身도, 주문을 외우는 자신의 몸을 나눈다는 뜻과 어떤 귀신의 分身을 뜻하는 것으로 나누어진다. 그리고 焚身도 자신의 몸을 焚身해서(불태워서) 바친다는 뜻으로 쓴 것인지 아니면 焚身死한 귀신(불타 죽은 귀신)을 뜻하는 것인지도 확실치 않다.

사바 또는 사마는 더욱 미궁이다. 어떤 사람들은 불교에서 쓰이는 주문 중 사바세계를 뜻하는 사바를 뜻한다는 사람도 있으며 사바가 삽아(揷我)라는 사람도 있다. 만약 사바를 삽아로 본다면 分身揷我라는 뜻은 어떤 分身에게 나를 삽입(揷入)시킨다, 즉 빙의 당한다는 뜻으로 볼 수 있다. 또는 내 몸을 나누어 나를 (귀신에게) 삽입시킨다로 볼 수도 있는데 뜻은 거의 대동소이하다.

사바가 아니라 사마라는 사람은 그것이 일본어 상의 높임말이라고도 한다.

분신 님이시여 어서 오십시오. 또는 불에 타 죽은 귀신이시여 어서 오십시오. 정도로 해석할 수 있겠다.

분신사바 하는 방법

이 분신사바를 하는 방법은 의외로 간단하다. 3~4명이 둘러앉은 다음 영매의 역할을 하는 사람이 주위를 집중시키고 귀신을 부르는데, 우선 영매 외의 사람이 흰 종이 위에 볼펜을 수직으로 들고, 영매 역할을 할 친구가 먼저 볼펜을 잡은 친구의 손을 잡는다.

그 다음 오른쪽으로 3번 원을 그리며 주문을 외운다. 귀신이 왔으면 궁금한 것을 물어보고 다시 귀신을 돌려보내는 형식으로 이뤄진다.

가장 널리 사용되는 방법은 빨간색 펜을 이용해 O, X로 귀신을 불러내는 것이다.

귀신을 부르는 공통주술인 "분신사바분신사바 오잇데 구다사이"를 외우면 주위에 있는 한 사람이 빨간펜을 잡은 영매의 손을 잡는다. 영매의 손이 떨릴 때까지 기다린다.

팔이 떨리기 시작하면 온 것을 의미한다. 그때 주위 사람이 영매에게 궁금한 질문을 한다. '대학을 가겠느냐?', '오래 살겠느냐?', '현재 여자친구와 나중에 결혼할 수 있겠느냐?' 등등. 그러면 빨간펜이 O, X로 이동해 가능 여부를 판가름해 준다는 것이다.

또 다른 방법은 종이의 상하에 ㄱ, ㄴ, ㄷ, ㄹ 등의 자·모음과 1에서 10까지의 숫자를 써놓은 글자판을 만든다. 주문을 외어 귀신을 불러낸 다음 구체적인 이름이나 숫자를 묻는다. 예를 들어 '미래의 남편의 성은 무엇입니까' 라고 물었을 때 '김' 씨가 대답이면 영매의 손이 ㄱ, ㅣ, ㅁ의 순으로 간다는 것이다. 이렇게 볼 때 이 분신사바의 주술은 전형적인 영소환술이라고 볼 수 있다.

귀신을 볼 수 있는 사람은

귀신은 일반 사람들에게는 눈에 보이지 않는다.

어떤 기의 형체로써 존재하기 때문이다. 전기, 바람도 눈에 보이지 않듯이 말이다.

어떤 사람들에게 보일까?

1) 몸이 너무 허약해졌을 때 보일 수가 있고

2) 음의 파장, 즉 귀신과 같은 파장일 때 보일 수가 있으며

3) 귀신에 의한 침입, 즉 귀신을 볼 수 있는 빙의된 상태(무속인)에서 보일 수 있으며

4) 수련을(공부) 통한 상당한 경지에 이르렀을 때 (도력 또는 법력) 귀신을 볼 수가 있는 것이다.

경고 :
자신에게 영을 다스릴 능력이 없다면 절대 하지 말 것. 참고로 무녀(신령을 섬겨 길흉(吉凶)을 점치고 굿을 주관하는 사람)가 아닌 이상 영을 소환해 다스리는 것은 불가능하며 분신사바는 고급 영을 소환하는 소환술이 아니다.

一月 생

신용과 집착력이 있고 일에 열중하는 성격이나 매사에 자신이 없어 실망을 잘하며, 고집이 있고 냉철하게 보이나 인정이 약하고 인덕이 없다.

그러나 착실하고 책임감이 강해 노력하면 성공할 수도 있다. 남을 구제해 주는 자비가 있어 너무 힘겨운 욕망만 버리면 남의 도움을 받아 뜻을 성취할 수 있다. 11세, 21세, 31세, 51세, 61세, 71세, 81세는 주의를 요하므로 참고하기 바란다.

二月 생

타인과는 친화가 좋으나 친척 식구에게는 의가 좋지 않아서 헤어지는 수가 많고 외길로 나가는 고집과 예민한 신경성 때문에 극단적인 성격으로 고독에 빠지기 쉽다.

육친과의 인연이 없어 풍상과 같은 생애가 많으나 매사를 남의 의견을 받아들여 가정 융화에 힘쓰고 성실히 노력하면 도움을 받고, 40세 이후에는 재산이 늘고 안택할 수 있다. 50세는 조심할 것.

三月 _생

정직 관대하여 신용으로 재산을 모을 수 있고, 번창하나 때로는 실패수도 따른다. 경계심이 강하고 영리하며 재질이 있어 야심도 크지만 실천력은 약해 손재수가 있다. 가정사에 애로가 있고 재혼할 수도 있으나 자식 덕이 있어서 초년은 힘겹지만 후년은 안락하다. 30세, 43세에 조심할 것.

四月 _생

유순하긴 하지만 경솔한 점이 있어 일확천금을 꿈꾸는 실패가 있다. 풍요한 교재술이 있어 자기 스스로 착실하게 노력하면 성공하는 일이 많다.

부모의 재산은 지키기 어렵고 색정으로 인한 실패가 따르고 육친과 인연이 빈약하다. 스스로 착실히 근면 노력하면 30세 이후부터는 점점 좋아지고, 45세에는 성공해 가정도 화합할 수 있고 만족한 생활을 누릴 수 있다. 그러나 28세는 조심할 것.

五月 생

　온화하고 착실하므로 덕망이 따라서 많은 사람을 부리게 되어 노고가 크다. 화는 잘 내지 않으나 한번 성내면 집념이 강하기 때문에 강, 약을 분별키 어려우나 매사 실제적이고 체면을 중히 여기기 때문에 상역 자리에 오르고 중년 이후부터 출세한다.

六月 생

　지혜가 있고 영리하고 매사 능숙하며 결단력도 있다. 그러나 지속성이 약하고 이유 없이 중도에 변동하는 결점이 있어 성급한 성격 때문에 업을 지키기 어렵다.

　워낙 신망 있고 재능이 있어 평생 큰 고난은 없으나 변화·변동은 신중히 해야 한다. 36세는 주의할 것.

七月 생

성급하고 경솔하며 욕심이 많다. 선견지명은 밝으나 주모성이 약해서 금전상의 애로가 있다.

만사 세밀하고 착실하기는 하나 고집불통이므로 타인으로부터 미움을 사고 권태가 심한 색정으로 인해 실패가 심하다. 외견상으로 좋아 보이나 내면에는 허실과 고로가 많다.

42세는 액년으로 평생을 좌우하는 우화가 있다.

八月 생

선견지명이 밝으며 견실하여 쓸모는 있으나 완고하고 교만한 성품 때문에 의외의 실패도 있다.

남에게 의지해 성공하는 이로써 모방에 능하고 도량이 있어 끝까지 나가는 강한 의지 때문에 중년 후부터 성공과 발전이 따른다. 조업을 지키기 어려우나 신용 때문에 일가 창설하며 말년에는 안과태평하다.

九月 생

허망성이 있고 자기 일을 남에게 시키려는 태만함이 있으나 성격은 원만하고 분석·판단력의 재질이 있어 큰 인품은 어려우나 윗사람에게는 귀여움을 받는다. 한편으로는 교재술이 능해 빈곤하지는 않다. 소년 시절에는 풍요하게 지낸 이가 많고 허풍이 좀 있다. 39세부터는 성취가 있다.

十月 생

남에게 굴하기 싫어하는 성품으로 타인과 융화가 잘 안 되며 매사에 지장이 있고, 온정적인 우울한 성품으로 금전에는 집착하지 않으면서 투기를 좋아한다.

애정생활에는 불행해 이성에게 농락 당하는 수가 많으나 운은 좋은 편이므로 자중해 성실히 노력하면 40세 이후에는 성공할 수 있다.

44세는 꼭 조심할 것.

十一月 생

착실하지만 매사 방심하는 경향이 있어서 실패가 잦고 중도에 감정의 변화로 운세가 변해 성급히 굴다 기회를 잃기 쉬우니 조심할 것. 또 부모의 혜택을 바라지 말고 자력으로 노력하여 운을 열도록 할 것. 38, 39세부터는 운세가 높고 좋으나 혼자 자란 것처럼 성질을 쓰면 도리어 좋지 않다.

十二月 생

정직하고 사심이 없으며 진실하나 일에 진전이 없다. 일생 손톱으로 주워 모은 재산도 일시에 잃을 수 있으므로 명심할 것. 본래 고지식한 탓으로 농락당할 우려가 있으므로 특히 색정에 주의해야 한다. 이러한 결점을 파악하고 노력하면 정직하기 때문에 신용을 얻어 성공하며, 그 착실성만 발휘하면 귀인의 도움도 있다. 46세, 52세에는 운이 막히기 쉬우니 경계할 것.

1, 7, 13, 19, 25일 | 금전에 인연이 있고 윗사람의 도움도 있다. 초년은 평운이고 매사 일이 잘 안 되지만 원래 양친의 인연이 있어 부귀하고, 행복한 편이다.

29세, 38세 때부터 운이 시작되니 충실하게 노력하면 무난히 성공할 수 있을 것이다.

2, 8, 14, 26일 | 영리하고 재능이 있으나 양친에는 인연이 적은 편이며 초년에는 고로가 많고, 중년부터 운이 열린다. 인덕이 없는 것이 불행하나 윗사람의 도움이 있고 생활은 풍요하게 열린다. 21세, 33세가 길하다.

3, 9, 15, 21, 27일 | 가내가 화합하고 운수가 좋으나 부부가 사별하는 수가 있다. 그렇다고 가정이 파하는 것은 아니다.

초, 중년에는 고생하나 말년부터는 점점 좋아지니 40세, 45세의 기회를 놓치지 말고 노력하여 크게 성공할 것.

4, 10, 16, 22, 28일 | 학문이 있건 없건 큰 학자는 불가능하지만 재주
는 있어 기술가로는 성공한다. 운도 그리 나쁘지 않고 금전운도 괜찮다.

부모의 재산을 일찍이 산재하고 37세부터 노력하여 번창·대성한다.

5, 11, 17, 23, 29일 | 정직하고 만능이며 결단력이 있어 학자나 실업
가로서는 성공한다. 몸 수는 좀 약하나 재산과 의식주는 풍요하며 34세,
36세 때에 의외로 이익이 있거나 아니면 출세한다.

부지런히 일하면 필히 크게 성취한다.

6, 12, 18, 24, 30일 | 지혜가 있고 인내심이 강해 근면하면 만능이 통
하고 명예도 얻을 수 있다. 성격은 강직하나 정직하고 활발해 순조, 순성
의 운수로 대길하는 편이다.

평생 큰 고로는 없고 특히 38세 이후는 무리하지 않는 한 입신출세
한다.

삼재부

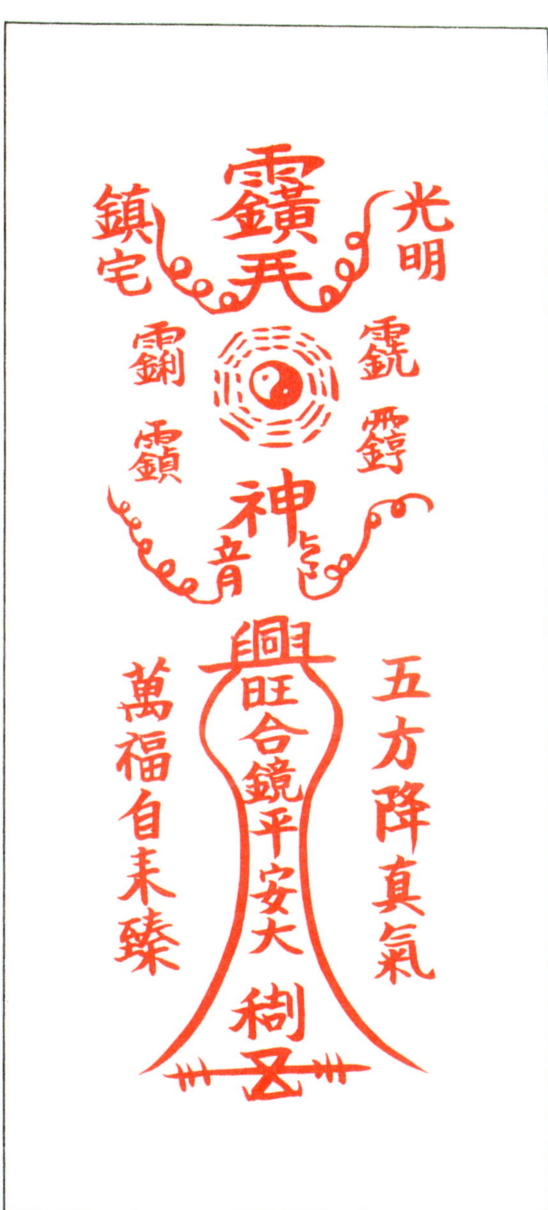

잡귀부

소원성취부

참고 문헌 :

상징의 비밀 – 데이비드 폰테너 지음
택일력 – 류석준 지음
야후 두산 백과
야후 지식 검색
www.hwasangland.com

참조글 올려주신 잔혹소녀 홈페이지 회원분들께 감사드립니다.